発生生物学

基礎から再生医療への応用まで

道上 達男 著

裳 華 房

Developmental Biology

from basic mechanisms to tissue engineering

by

Tatsuo MICHIUE

SHOKABO

TOKYO

JCOPY 〈出版者著作権管理機構 委託出版物〉

まえがき

　発生学は、単純な形の卵からどのように成体の複雑な形が作り出されるのか、そのしくみを知ることがすべてである。アリストテレス以来2400年以上の時間を経て、その理解は大いに深まった。とはいえ、まだ人間は生物個体を（少なくとも動物は）自らの手で一から作り出すには至っていない。裏を返せば、まだまだ分からないことだらけとも言えよう。一方、個体全体ではなくその一部を作り出したいという要望は、不具合が生じた自身のパーツを修理するという観点から日に日に高まっている。特に、21世紀に入り幹細胞の研究が目覚ましく進展する中で、臓器再生とそれを利用した再生医療は現実のものとなってきている。

　ただ、今の知識と再生医療への応用との間には小さくないギャップが存在するように思う。それはおそらく、基礎研究を行う研究者はどうしても生命現象そのものを追いがちだし、応用研究をする研究者は、もちろん基礎的知見に立脚するとは思うが「病気が治る」という結果を追求するからもしれない。結果、執筆される本も両者それぞれスタンスが異なるということになりがちである。私自身はもともと前者、つまり基礎研究を行う研究者であるが、iPS細胞を用いた細胞分化研究も行う中で、両者の関係が重要であると再認識したという経緯がある。応用研究が単に世の中に役立つということではなく、基礎研究で明らかになった知見の「具現化」と捉えれば、逆に基礎研究へのフィードバックも期待できることは容易に想像できるが、それは両者の研究を並行して行っているから分かったことかもしれない。

　最近は、基礎研究側の事情（研究資金面や分野の成熟など）で応用に舵を切る研究者も存在し、両者が包含された書籍もないとはいわないが、まだまだ多くはない。この本では、発生生物学を、はじめから応用につながるという視点で学び、上記の「フィードバック」をより効率よく行えるようなマイ

ンドが身につくよう配慮したつもりである。実は、この本の対象として高校生も考えている。4章において「研究の手法」に少なくないページを割いたのは、発生研究で重要な研究手法は高校生物での学習内容にも関連付けることができ、もっと言えば、入試問題にもその題材が登場する可能性があるからである。3章の基礎知識も、生物の教科書を別途読まずとも発生学・幹細胞生物学が理解できるように、という意図で設けた。つまり本書は、本来であれば3〜4冊の教科書を読む必要がある内容を1冊にまとめたものである。そのため、深掘りできていない部分、あるいはスキップした部分があることはお許しいただきたい。この本を読んだ後で「ここに書かれていない、もっと詳しいことを知りたい」と思ってもらえれば逆に幸いである。なお、習熟度に応じて3章はスキップしてもよいし、5章から読み進めるのもよいかもしれない。

　この本を読んで、発生を研究する研究者、そして、発生生物学を理解した上で幹細胞研究に専念する研究者が増えることを期待したい。おそらくその先に、本当の再生医療の実現が待っているような気がする。

　2022年9月

道上 達男

目　次

1章　発生生物学の基礎と応用：総論

2章　体を作るとは：発生生物学の諸概念

3章　発生生物学を理解するための基礎知識

4章　発生生物学を研究するための諸技術

9章　器官形成：体のパーツはどうやってできる？

10章　細胞分化と幹細胞、そして再生

11章　再生医療：発生生物学の応用

1章 発生生物学の基礎と応用：総論

　地球上には様々な生物がいる。それぞれが誕生し、生活し、子孫を残して死んでいく。この過程は、私たちの生活の中で当たり前に存在するので、普段はこのことに何も感じない。でも、ふと立ち止まって考えるとどうだろうか。例えば、生物はどのように作られるのか？　生物の形の違いはどのような理由で生じるのか？　こういった問いは、改めて問いかけられないと考えないのではないだろうか。これまでに、生物に関するありとあらゆる疑問について、先人は先人なりの答えを出してきた。その「答えを出したい」という欲求はどのようにして生まれるのだろうか。1つには「役立つ、利用できる」ということだろう。明らかにすることが、少なくとも人間にとってメリットがあるからこそ明らかにしようとする。もちろん、一見すぐには役立たなさそうだとしても、知ることには大きな意味がある。分かったことがさらなる次の知見のもとになるし、役に立つ知識は巡り巡ってその後社会に戻ってきて、そこで新たな「答えを出したい欲求」につながる。こういった観点から、生物学という学問の発展には（もちろん生物学に限ったことではないが）基礎と応用の両方の知見の蓄積が重要であり、さらには基礎と応用の両者を行き来する、つまり基礎の知見を応用する、応用したことによって得られた知見を基礎にフィードバックする必要もあるといえる。

　さて、現代の人間生活において発生生物学を理解することにはどのような意味があるだろうか？　生物の成り立ちを理解する上では、完成形を理解すればよいという考え方もできるが、はたしてそうだろうか。これまでの世界の歴史では、2章で触れるような「前成説」という考え方があり、生物は神が造った、と考えられた時期もあった。しかしそれとて、神は「どうやって」生物を造ったのか？という疑問がわく。つまり、生物は突然完成形が登場するのではなく、比較的単純な「もの」、つまり卵がだんだんいろいろな形に

変化して最終的な生物の形になる。発生学は、卵や精子がどのようにでき、どのように受精し、それらがどのようにして複雑な形態や機能をもつ大人へと成長するかを知るための学問である。そのような学問が成立する理由は、発生の「複雑さ」である。生物がみんな当たり前のように行っている発生という現象は、そんなに簡単に実現可能だろうか。2章以降で説明するように、初期発生では体を組み立てるために必要な道具も自分自身（親の力を借りる場合もあるが）で作り出さねばならない。そういった一連の作業が、あんなに小さなカプセルの中で、しかも自律的にすべてが行われることの"難しさ"を感じてほしい。この「難しい」という感覚をもってから発生学を勉強すると、一連の作業を簡単にやってのけている生物のすごさが実感できるのではないだろうか。3章と4章では、発生生物学の学びと切り離すことができない基本的な知識について説明している。また、5章から9章については、受精卵から組織・器官ができ個体が構築されていくまでの過程を順に追って説明している。

　さて、知的好奇心としての発生学という学問の重要性は分かったとしても、それがどんな役に立つのだろうか。近年、これまでの多くの知見から明らかになってきた発生のしくみが、様々な応用研究へと結びつけられるように

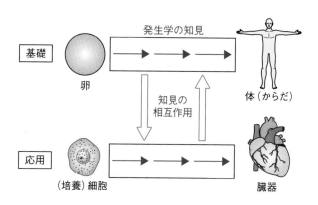

図1-1　発生生物学の基礎と応用
発生学の知見（上）と応用から得られる知見（下）との相互作用が、全体の理解の役に立つ。

なった（図1-1）。例えば再生医療においては、幹細胞の培養液に様々な薬剤を加え、人為的に望みの器官に分化させることが必要である（10章、11章参照）。しかし、世の中に薬剤はごまんとあり、さらには薬の分量や加えるタイミングも重要である。そういった条件を盲目的に試すのでは、最適な条件を得るために莫大な費用と時間と手間がかかる。効率よく正解にたどりつくためには、発生学の研究から得られた正常な胚発生のメカニズムがヒントになるのである。もちろん再生医療以外にも、疾患の治療や創薬といった社会のニーズに応える様々な局面において、発生学の出番は多いはずである。この本では、発生学の基本、そして応用技術として幹細胞生物学の基本に触れるが、これら両者が密接に連携していること、そしてそれに重要な意味があるということを理解してほしいと考えている。

　11章の最後では、ともすれば科学は進展しさえすればよいという風潮がある中、その影に潜む問題点についても触れている。特に、幹細胞生物学のような応用研究に関心の強い読者の方は、この最後の部分を読み、発生生物学、そして再生医療などに応用される幹細胞生物学の発展がどのような問題につながるかを頭の片隅に置いた上で、基礎的な発生生物学の内容について理解を深めてほしい。

2章

体を作るとは
：発生生物学の諸概念

これから各論に入っていくが、細かい内容をいきなり理解するのはなかなか難しいかもしれない。この章では、卵から体を作るとはいったいどういうことなのか、発生生物学はどのような歴史を経て成立してきたかについて説明する。また、胚発生を理解する上で前提として知っておいた方がよいことを概説する。例えば、発生生物学ではどのような動物を用いて研究するのか、胚発生はどのような理屈の上に成り立っているか、などである。まずはこの章を読み、以降で説明する各論の理解の助けとしてほしい。

2.1 「発生」の意味

「卵（たまご）」は、受精したあと様々なステップを経て、複雑な形をもつ大人の体に「自律的に」成長する。一方、袋にタンパク質と水とどこかからもってきた DNA を詰めて放置しておいても、おそらくは何も変化しない（図 2-1a）。さて、この違いはいったい何だろう？ ということが、発生学という学問で問いかけたい疑問であり、その完全な答えを得ることができたなら、人間は自らの手で生物を作り出すことも夢ではないだろう。

では、生物を作り出すためには何が必要だろうか。現代の科学で分かる範囲で考えてみよう。ざっくりいうと、必要なものは① 材料、そして② 設計図である。が、もう 1 つ大切なものがある。それは③ 道具である。生物の発生を家の建築、あるいはプラモデル作りにたとえることもあるが、生物の場合は自分で道具を作りながら自分を作り上げる点が根本的に違っている。ただし、さすがに、まったくゼロから作るのは大変なので、最低限必要な道具は卵の中にあらかじめ用意されている（図 2-1b）。

多細胞生物の場合ではあるが、体にはたくさんの種類の細胞がある。また

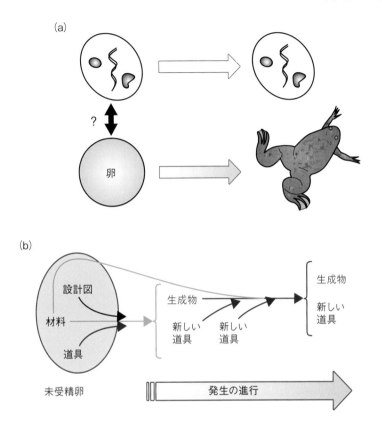

図2-1 卵（たまご）からの発生（a）と発生の概念（b）
（a）袋（細胞膜カプセル）に生体物質を詰めただけではそのままだが（上）、卵はちゃんと成体になる（下）。（b）未受精卵にはもともと必要な設計図・材料・道具が含まれていて、発生の進行と共に新しい道具・生成物が順番に作られていく。

細胞の数そのものも多い。それを生物は1つの細胞（卵）から生み出す。必要な種類の細胞を確実に生み出すためにはしくみが必要であるし、生み出した細胞を正しい場所に配置することもまた、体を正しく作り上げるためには大切である。さらには、生み出した細胞にいろいろな機能を与える必要もある。こういった一連の作業の手順を知ることこそ、発生生物学という学問であるといえよう。

2.2　発生生物学の歴史

2.2.1　動物学との関係：アリストテレス

発生学、あるいは動物学という学問の起源は、紀元前4世紀の科学者であり哲学者でもあるアリストテレス（ARISTOTELĒS）に始まる。彼が著した『動物誌』『動物発生論』においては、様々な動物がどのようにして生じるかについて、数百種類にわたり記されている。現在読んでも、非常に詳細な記述がなされており、これらが約2400年前、日本の縄文時代に書かれたものであることに驚きと感動を覚える。

2.2.2　アリストテレス後の衰退

生物学の進展は、残念ながらアリストテレスの没後停滞した。ただ、まったく停止したかというとそうではない。その間も、人間の病気の原因を知りそれを治療するという世の中の医学的な要求が絶えることはもちろんなく、それに答えるための学問は発展した。特に、人体の構造を知るための解剖学、例えば、ヴェサリウス（16世紀）（Andreas Vesalius）による『人体の構造』は、詳細な記述がなされた人体解剖図として今も広く知られている。また、ファロッピオ（Gabriele Falloppio：頭部・生殖器の構造の研究）、ファブリツィオ（Girolamo Fabrizio：胎児の形成、各臓器・器官などの構造の研究）、ハーヴィ（William Harvey：血液循環、哺乳類も卵から発生することなどの提唱）も同様に、解剖学の立場から人体の成り立ちを明らかにすることに貢献した。

2.2.3　顕微鏡の発見と生物学の発展

注目する物体の構造が複雑だったり小さかったりすると、通常は「分からない」として放置されてしまう。胚発生の研究が進まなかった理由の1つもこの点であると考えられる。アントニー・レーウェンフック（Antonie van Leeuwenhoek）やロバート・フック（Robert Hooke）により発明された、肉眼では見えない構造を見ることができる顕微鏡は、発生生物学を含むすべての生物学の進歩に貢献したことは間違いない。

　小さいものの1つに精子がある。顕微鏡と前成説・後成説は、実は密接な関係がある。教科書的に言えば、前成説は生物個体の完成形がもとから備わっているという考え、後生説は最初から完成形は存在せず、後から作られるという考え、となる。前成説は、胚発生のメカニズムがある程度明らかになる比較的近年まで信じられてきた。生物の構造は複雑であるが故に、人間は簡単に理解することができなかったからである。その矛盾（と人間の力のなさ）を弁解する手段として「誰かがすでに作っている」ということにして、ある意味ごまかしたともいえる。同時に、当時の宗教観（すべてのものは神が創造した）も、前成説を支持する背景にあったと考えられる。前成説はさらに精原説と卵原説に分類されるが、よく知られているのは精原説の方である。ニコラス・ハルトゼーカー（Nicolaas Hartsoeker）によって提唱されたホムンクルス（図 2-2a）は精原説の1つであり、生物を勉強した人なら一度は見たことがあるかもしれない。精原説の成立もまた社会背景が重要なポイントとなっていて、「精子（≒男）はなんのために必要か」を説明するための根拠に使われた。

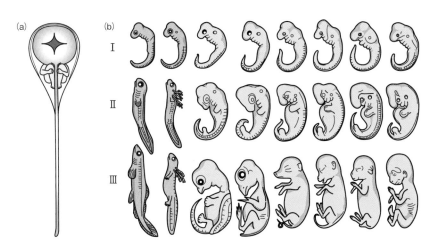

図 2-2　発生学の歴史
(a) ハルトゼーカーが描いたホムンクルス。(b) ヘッケルの反復説。
左から魚、サンショウウオ、カメ、ニワトリ、ブタ、ウシ、ウサギ、ヒト。

体を作るとは：：発生生物学の諸概念

　前成説が否定されるまでには、一定の期間が必要とされた。とはいえ、顕微鏡の発明以降、胚の微細構造を観察することが可能となり、発生学もそれなりに進歩した。例えばフォン・ベーア（Karl Ernst von Baer）はヒトの卵細胞を発見し、人間も卵から発生することを証明するとともに、ヒト胚に脊索を見いだし、「脊椎動物」の共通性を明らかにした。またヘッケル（Ernst Heinrich Philipp August Haeckel）は、「個体発生は系統発生を繰り返す」という、いわゆる反復説を提案した（**図2-2b**）。この是非については議論があるが、少なくとも脊椎動物ではヒトだけではなく様々な生物種について、共通性も考えながら発生学を研究することの意義は示されたといえる。なお、前成説の完全な否定は、シュペーマン（Hans Spemann）によるオーガナイザーの発見を待つこととなる。

　発生学の発展と他の学問との関係でいえば、ダーウィン（Charles Robert Darwin）の進化論を皮切りに発展した進化学、メンデル（Gregor Johann Mendel）を端緒とする遺伝学、実験生物学、さらには分子生物学などが発生生物学の発展に大きく寄与した。

2.3　発生学研究とモデル生物

　発生生物学の研究において、「モデル生物」という概念は非常に重要である。というのは、生物はそれぞれ形が違っていて、もちろん共通性はあるものの成り立ちは同じではない。これらを研究者ごとにまちまちに研究すると、お互いの研究を利用することが難しくなる。このような理由から（これは発生学研究に限らないかもしれないが）いくつかの生物種に注目して研究が進められてきた。モデル生物が選ばれる理由はいくつかある。たとえば、飼育がしやすいという利点がある。「しやすさ」の観点はそれぞれのモデル生物によって若干異なるが、温度管理が楽、飼育にかかる費用が安価、扱いやすい、保存が可能（卵を凍結保存できる、など）、実験をする上での卵の採集が容易である（一年中採卵可能、一回に得られる卵が多いなど）ことも挙げられる。実験上の利点としては、ライフサイクルが短いことがある。これは、特に発生遺伝学的な解析を行う際には重要となる。さらには、卵が透明である

センチュウ ショウジョウバエ ウニ

ゼブラフィッシュ

アフリカツメガエル

ニワトリ マウス

図 2-3 発生学でよく使われるモデル生物の例

こと、部分的な切除が可能、卵のサイズ（実験生物学的には大きい方が扱い
やすい）も重要なポイントとなる。図 2-3（およびカバーの裏面）に、発生
生物学でよく用いられる、いくつかのモデル生物を示す。

① センチュウ（*Caenorhabditis elegans*）

　線形動物門に属し、体長約 1 mm。ライフサイクルは約 3 日である。大量
に飼育が可能で、卵は凍結保存が可能である。1960 年代ころからモデル生
物として利用された。約 1000 個という比較的少数の細胞から構成されてお
り、どの細胞がどこから派生してくるか（細胞系譜）、受精卵から追うこと
ができるのが大きな利点である。現在も神経生物学の研究などで広く用いら
れている。

② ショウジョウバエ（*Drosophila melanogaster*）

節足動物門に属し、体長約3 mm。ライフサイクルは約2週間である。後述するように、遺伝学の発展においてショウジョウバエの果たした役割は大きい。特に突然変異体の単離、変異と染色体地図との関連付け、さらには個体への遺伝子導入法がいち早く確立されたことも（☞ 4.4節）、モデル生物として発展した理由であるといえる。

③ ウニ（ムラサキウニ *Heliocidaris crassispina*）

棘皮動物門に属する。卵が透明であり大量に同調卵を得ることができるので、受精のメカニズムや初期発生（割球の予定運命決定や原腸形成など）の研究に広く用いられてきた。

④ ゼブラフィッシュ（*Danio rerio*）

脊索動物門条鰭綱に属し、体長約5 cm。ライフサイクルは約3か月。脊椎動物を用いて遺伝学的な解析を行う上で重要なモデル生物の1つである。いくつかの利点があるが、遺伝子導入が容易であること、初期胚が透明であることなどが挙げられる。

⑤ カエル（アフリカツメガエル *Xenopus laevis*）

脊索動物門両生綱に属する。体長約10 cm。ライフサイクルは1年以上と比較的長い。20世紀中期に広く用いられたイモリ胚と同様、卵を用いた実験生物学（胚の部分切除など）に用いやすいという利点を有する。デメリットとしては、異質四倍体であるため遺伝学的な解析が多少難しいことが挙げられる。それを克服すべく、近年では二倍体の近縁種であるネッタイツメガエル（*Xenopus tropicalis*）も広く使われるようになっている。

⑥ ニワトリ（*Gallus gallus*）

脊索動物門鳥綱に属する。ライフサイクルは約200日。利点としては、ご存じのように食用として大量に供給されているため入手が容易である点、ま

た、卵割が盤割であり殻の一部除去によって胚発生を目視できる点が挙げられる。両生類胚の原腸形成のようにニワトリでも原条の形成が比較的容易に観察可能であったことから、哺乳類とも類似点の多い原条形成に関する知見の蓄積はニワトリ胚の研究が大きく貢献した。

⑦ マウス（ハツカネズミ *Mus musculus*）

脊索動物門哺乳綱に属する。体長7cm前後。ライフサイクルは約2か月と比較的短い。小型の哺乳動物であり、ヒトとの類似点も多いことから医学関連の研究でも広く用いられる。

2.4　発生の諸概念

これまでにも話をしてきたように、動物の体は複雑かつ秩序だった構造を形成している。そしてそれは一細胞である卵から生じる。単に細胞が増えただけでは細胞の寄せ集めであり、統率された構造にはならないだろう。では、そういった秩序だった構造（＝細胞集団）はどのようにして作られるのだろうか。

まず、複雑な体の構造を作る第一の概念は、不均一性、つまり「偏り」の構築である（図2-4a）。なぜこのようなことを考える必要があるかというと、一番の理由はそれぞれの細胞がもつ設計図、つまりゲノム（配列）は同じだからである[※2-1]。細胞の種類ごとに別の設計図をもっていれば、それぞれが好きに細胞を作り上げればよい。しかし、実際には皆が同じ設計図をもっているのにそれぞれ違う細胞になる。従って、その違いを生み出すためには、何か別の方法をとるしかない。それが、最初に卵がもっている「材料」、もう少し具体的に言えば「指令を与える物質（タンパク質など）」であり、それが不均一に分布することである。

もう1つ重要な点がある。例えば人間の体を考えたとき、材料の偏りだけで複雑性を作り出すには、人間の体は複雑すぎる。言い換えると、人間の構

※2-1　もちろん免疫細胞など異なるゲノム配列をもつ細胞も存在する。

体を作るとは：：発生生物学の諸概念

2

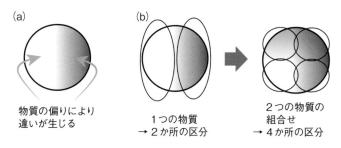

図 2-4　胚における物質の偏りとその組合せ
　（a）胚内に存在する物質のあるなしにより、両者に違いが生じる。
　（b）物質の偏りによって例えば胚を２か所に区分することができる。
２つの物質の偏りが２方向にあると、それらの組合せで区分する場
所を４か所にできる。このような組合せにより、比較的少ない種類
の物質から多くの「部分」を胚に作り出すことができる。

造の複雑さを材料の偏りだけで作り出すには、材料の種類が少なすぎる。そ
れをカバーするのは何か。それは「組合せ」である（図 2-4b）。１つの指令
物質が胚の１つの場所を決めるとすると、100 か所の場所を決めるためには
100 種類の物質が必要である。だが、果たしてそうだろうか。組合せを考え
ると、必要な物質はもっと少なくてすむ。例えば、２つの物質 A、B がある
としよう。その組合せは、A も B もある、A だけある、B だけある、A も
B もない、の４つとなる。つまり２種の物質は２か所ではなく４か所を指
定することができる。３種だと 8、４種だと 16、100 種類だとなんと約 10 の
30 乗箇所の指定が（原理上）可能である（10 の 12 乗が１兆、その１兆倍の
100 万倍である）。ヒトの体を構成する細胞が約 38 兆個であることを考える
と、このような物質の組合せを導入することによって、比較的少ない種類の
指定物質だけで、複雑な体の構造のもとになる情報を作り出すことが可能と
なる。

　さて、「偏り」は何を作り出すのだろう。それは、細胞の振る舞いを決める「指
令」である。あなたは何になりなさい、といった、いわば就職のときの辞令
のようなものである。ただ、大人の体を構成する細胞が全部揃ってから指令
を与えていると間に合わないので、その場所に対して指令を出しておき、そ

こに位置する細胞はすべて同じ役割を与えるようにする。また、このような指令物質は上記のとおりさほど多くなく、すべてが同時に準備されるわけでもない。ある物質に指令を受けた細胞が新しく指令物質を作り、その物質が今度は別の細胞に指令を与える……このことが、体を「おおまかに作り、だんだん細部を作り込む」ことにつながるのである。さらに、胚内の偏りはどのように作られるのだろうかという疑問も出てくる。その一部は受精前の卵形成時に構築される。つまり、卵には最初何も備わっていないかというとそうではなく、比較的単純ではあるが、何らかの「情報」がすでに卵内に形成されている。もう1つの要素は重力である。実際、植物極と動物極の違いは、中身的に言えば卵黄の量であり、卵黄は重いため、植物極に多く存在する。このようにして、物質の偏りによって胚のどの部分を何にするかが最初に決められる。これを胚パターニング、あるいは胚のパターン形成とよぶ。

2.5 物質の偏りはどのようなパターンを生み出すか

2.5.1 モルフォゲンとフレンチフラッグモデル

さきほどから「指令物質の」「偏り」という説明をしてきた。実はこの物質に対する用語がある。それは**モルフォゲン**(morphogen)である。モルフォゲンは、濃度勾配を形成して細胞に位置情報を与える物質である。モルフォゲンはどのようにして位置情報を与えるのだろうか。胚のパターン形成を語る際に必ず出てくる概念が、**フレンチフラッグモデル**というものである（図2-5）。

まず、細胞が1層に並んだ平面を考える。次に、それぞれの細胞の外に存在するモルフォゲンの濃度が濃い ➡ 薄いという勾配を作っているとする。細胞が刺激を受けとるための最低濃度を設定すると、刺激を受ける領域、刺激を受けない領域に二分することができる。あるいは図2-5のように強い刺激を受ける領域、弱い刺激を受ける領域、刺激を受けない領域と3つの領域に分けることもできる。この概念の何が大事かというと、要は、濃い─薄いといったアナログ的な情報が、2つ（あるいは3つ）の領域指定というデジタル情報に置換されることである。たとえるなら、電気機器におい

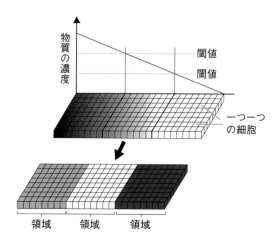

図2-5　フレンチフラッグモデル
シート上に並んだ細胞に、ある物質の濃度勾配が形成されていると
する（上図）。ある濃度に対して閾値が設定されると、それに従って
細胞は振る舞いを変える。結果として、例えば濃度が高いところに
位置する細胞は青の領域、中程度なら白の領域、濃度が低いとこ
ろは赤の領域、といったように領域を決めることができる。

て、回せば徐々に音が大きくなったり小さくなったりする音量つまみをON-
OFFスイッチに使うことを考えるとよい。領域を明確に決めることの重要
性は、頭と胴体、胃と腸など、様々な体の部分が明確に区切られていること
を考えれば容易に想像できるだろう。もし、人間の頭と胴体と足の長さがこ
のようなしくみで（仮に）決まっているとして、その比率がいい加減だと、
もちろん胴体の下に頭ができることはないが、それぞれの部分の大きさが
まちまちになるだろう（頭でっかちになったり、逆に胴体がやたら小さかっ
たり）。しかし、実際にはそのようなことが起こらないということは、その「区
切り」が正確にできるよう、何らかのしくみがあるということである。それ
については５章、および６章で詳しく触れる。
　モルフォゲンが領域を区切る情報のもとになるとして、では具体的にどの
ような指令を細胞に与えるのか。細胞は受け止めた情報を、細胞内シグナル
伝達経路を経て遺伝子発現の変化へと結びつけ、細胞の状況の変化をうなが

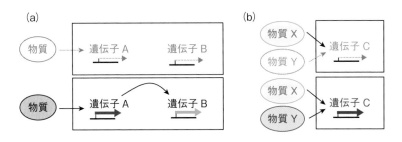

図 2-6　モルフォゲンに基づく遺伝子発現
(a) 1つの物質による遺伝子発現制御。細胞外に物質があると遺伝子 A が発現し、それがさらに遺伝子 B の発現をうながす。(b) 物質が 2 つある場合の遺伝子発現の制御例。細胞外に物質が 1 つだけあっても遺伝子 C は発現せず、2 つ（ここでは物質 X と物質 Y）が共存したときだけ遺伝子 C が発現する。

す。その変化の中には、さらに別の遺伝子の発現を変えるものもある。それらがリレーのように伝播し、指令を受け止めた細胞と受け止めていない細胞との違いをどんどん大きくしていく（**図 2-6a**）。このような遺伝子のつながりは、**遺伝子ネットワーク**とよばれる。さらに、先ほど説明したモルフォゲンの組合せによって、より複雑な領域分けができるようになる。例えば、2つのモルフォゲンによる制御系を考えた場合、1つだけでは遺伝子は発現せず、2つが揃った場合のみ遺伝子の発現がうながされるといったことも可能となる（**図 2-6b**）。徐々に話が複雑になるが、この具体例は 5 章以降で改めて述べる。

2.5.2　境界決定と細胞ソーティング

パターニングによって区切られた細胞群は、それぞれが境界をもつ。ただ、最初に作られる境界は多くの場合あいまいで、その後、細胞間相互作用によって互いに影響を与えることで、相手の細胞が自分と同じにならないように調節する（側方抑制（後述）という）しくみが存在する。ただ、これによって実現するのは、**図 2-7a** において A タイプの細胞になるか B タイプの細胞になるかが決まるだけで、1 本線の明確な境界が作られることとは別である。境界を 1 本線にするためのしくみの 1 つが**細胞ソーティング**という現象であ

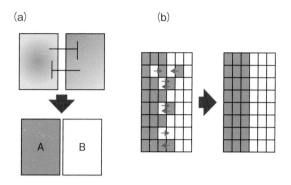

図 2-7　細胞ソーティングと境界決定
　（a）隣りあう細胞が、互いに自分と同じ特徴にさせないよう阻害し
　合い、AとBという違う細胞になるとする。(b)（a）のような調節
　が起こった場合、A群とB群の境界は「まだら」になるが（左）、
　同種の細胞が集まるような移動（ソーティング）が起こると、やがて
　A群とB群の境界は線状になると期待される（右）。

　る。3章で詳しく説明するように、細胞接着に関わる分子の働きによって、同じ種類の細胞同士が接着しやすいという性質がある。このしくみと、細胞の移動を組み合わせると、最初モザイク状だった細胞群から、1本線の境界を生み出すことができる（図 2-7b）。細胞一つ一つに着目すれば細胞の種類の決定と部分的な移動であるが、細胞群全体を見ると、領域の境界決定につながる、というわけである。

2.6　いつ胚のパターンが決まるか？

2.6.1　モザイク卵と調節卵

　以上のように、胚に存在する物質の「偏り」を「組み合わせる」ことによって、胚のそれぞれの場所を決定することができるが、卵はもう少しいろいろな情報を含んでいる。その1つは、そういった場所決めが「いつ」行われるか、ということである。モルフォゲンの分布が胚にあらかじめ備わっていて、その偏りに従って領域が決められるとする。その場合、もし卵を半分に分割すると（両者は死なないとする）、分割したそれぞれから体の半分ずつができ

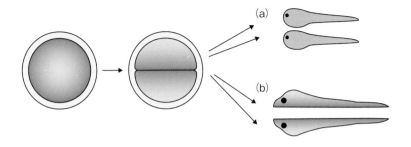

図2-8　調節卵とモザイク卵の概念図
(a) 調節卵では、卵を正中線に沿って半分ずつにしたとき、それぞれが
完全な体の形になる。(b) モザイク卵では、卵を半分に切ると、体の半
分だけをもつ体が2つできる。

るはずである。ところが、実際は分割したそれぞれの卵から完全な形の個体
が合計2つできる場合がある（それぞれの大きさは小さくなるが）。これは、
卵が分割されたあと卵の中の情報が調節され、それぞれが改めて一つ一つの
卵として機能するように振る舞うからであると考えられる。このような卵を
調節卵という（図2-8a）。一方、調節がきかない場合ももちろんあり、これ
は**モザイク卵**とよばれる（図2-8b）。

　モザイク卵は、当初フランスの発生生物学者ルー（Wilhelm Roux）によ
るカエルの半胚実験で、二細胞期の1つの割球を焼き切ったときに発生した
胚が体の半分だけだったことから提唱されたが、後にこの実験は誤りだった
ことが示されていて、今では、カエル胚はモザイク卵ではなく調節卵である
ことが分かっている。分かりやすくいうと、発生が少し進んだ卵から割球を
いくつか除去したとしても、できあがった体は完全で、一部が欠けたように
はならない、ということである。

　一方ウニの卵はモザイク卵であることも分かっている。つまり、一部の割
球を除去してしまうとその部分は作られないということである。この違いは
何か。これも分かりやすくいうと、胚のパターンを決める「時期」が違うの
である。モザイク卵と調節卵の概念は、「位置情報」が発生のどのような段
階で確定するかを理解する上で重要である。またこのことは、パターン決定

の「緩さ」とも関係がある。先述したように、もしはじめからパターンをきっちり決めてしまうと、その後エラーが生じたときに修復ができない。しかし、調節が可能な場合はその後のエラーの修復が可能になる。体の形を確実に形成する上では、むしろ最初から決めておかず、ファジーにしておく方が有利だといえるのかもしれない。

2.6.2　「誘導」という現象

　調節卵・モザイク卵の議論とも関連することとして**誘導**という現象がある。誘導は、他の細胞から影響を受けることによって、その細胞の運命（細胞の種類、胚でいえばパターン）が決められることを指す。これもまた、「いつ」の議論と強い関係がある。そのことを示す有名な実験がある。図2-9に示すのは2つの**予定運命図**である。予定運命図とは、胚のそれぞれの場所が将来何になるかを示した図であるが、これを作成する方法は大きく分けて2つある。1つは、胞胚期の胚の一部に色を付けてそのまま発生を進め、どの位置に色が付いているかを知ることで、その細胞が何になったかが分かるという

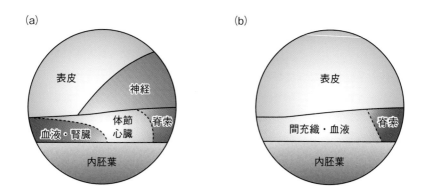

図2-9　2種類の予定運命図
　（a）局所生体染色法（胚に色を付けて発生を進め、胚のどの部分が何になるかを調べる方法）で作られた予定運命図。（b）卵の一部を切り出して胚の他の場所に移植したり、そのまま培養し、それが何になるかを調べることで作られた予定運命図。両者に違いがあることに注意。

ものである（この方法を局所生体染色法とよぶ）。もう1つは、胚の一部を切り出して培養する、あるいは胚の一部を別の場所に（区別できるようにして）移植して培養し、それらが何になるかを調べるというものである。さて、図2-9をよく見てみると、これら2つの結果には違いがある。すぐに分かるのは外胚葉領域で、局所生体染色による予定運命図には「神経」という場所があるが、移植による運命図の方にはない。同様に、中胚葉の領域にも、移植の運命図の方には「体節」がない。これらは、本来あるべき場所から切り離してしまうと、なるべき組織に分化できないことを意味している。これが誘導の存在、すなわち細胞同士の相互作用によって細胞の運命が決定されていることの証明になっている。

　さらに、それぞれの細胞の予定運命は、まったく同じタイミングで決まるのではない。6章で述べるように、三胚葉（外胚葉、中胚葉、内胚葉）のうち中胚葉は、外胚葉が内胚葉からの刺激を受け取ることで誘導される。しかし、もっと後の発生段階（例えば中期原腸胚期以降）の外胚葉と内胚葉を接触させても、中胚葉は誘導されない。つまり、外胚葉が中胚葉に「なれる」能力は中期原腸胚期までしかない。一方で、その後に起こる神経誘導は外胚葉が中胚葉からの刺激を受け取ることでひき起こされるが、これはおそらく中期神経胚期まで可能である。このように、どの発生段階まで誘導を起こすことができるかは、組織によって違っている。以上のような、誘導シグナルを受け取ることができる能力のことは、**コンピテンス**（competence）とよばれる。

2.7　形態形成：細胞の動きと細胞の再配置

　これまでに説明したように、卵は受精後、胚内のタンパク質の多い少ないと、それに対応したどのセットの遺伝子がどのように発現するか、ということによって、卵のどの部分が何になるか、おおまかなボディプランが決められる。しかし、このしくみを体のすべての構造の形成に当てはめるとどうなるだろうか。例えば毛細血管を例に考えてみよう。毛細血管のようなきわめて細い管状の構造物を体中にくまなく這うように配置することを、シグナル

分子の有る無しだけで実現できるだろうか。もちろん前述のように、組合せを考えれば、理屈の上では可能であるが、実際には複雑な構造を有する体のかたちをタンパク質の有無だけで作り出すことはきわめて難しいことは容易に想像できる。そこで胚発生では、まず同じ細胞運命をたどる細胞群をある程度ひとまとめに作りだしておき、そのあとで改めて細胞を再配置することによって、体を構成する様々な組織・器官などの複雑な形を作りあげるという戦略をとっている（図2-10）。

　細胞の再配置においては細胞の移動や変形を伴うが、それがあるまとまった細胞集団で協調的に起こると、細胞群全体、つまり組織レベルの変形がもたらされる。このような、ダイナミックな細胞群・組織の変形を総称して**形態形成運動**とよぶ。形態形成運動においては、細胞が移動する、ということだけではなく、その力を生み出す原動力になる細胞骨格やモータータンパク質、また、細胞集団で移動するか独立して動くかを決めるという点から細胞接着も形態形成運動に深く関与している。もちろん、その制御にシグナル分

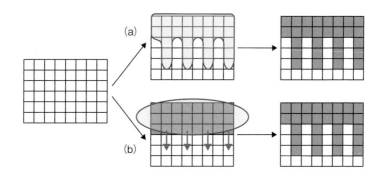

図2-10　形態形成の意義
　　左：形が決まる前の細胞集団。四角は一つ一つの細胞。中：細胞集団の形を決める2種類の中間段階。青丸は物質が存在する部分。赤い細胞は予定運命が決まった細胞。右：最終的な形。もし（a）のように、物質だけで最終的な形の通りに予定運命を決めようとすると、物質の有る無しも形の通りに作り出す必要がある。一方、（b）のようにあらかじめ予定運命をひとまとめに決めてしまい、そのあと細胞の位置を移動させれば、同じく細胞集団の形を決めることができる。

子や細胞内シグナル伝達系が関わることはいうまでもない。これについては8章で詳しく説明する。また3.1節ではその理解に必要な基礎知識について説明する。

2.8 細胞分化、成長

胚発生において、卵割、パターニング、形態形成運動と進んできた段階で胚の形がおおまかに決まってくる。ただ、この時点では予定運命の決定に注力しているため、細胞自身が機能を果たすための準備はそれほど進んでいない。実際、特に機能面ではそれぞれの細胞の間で大きな違いはない。必要に応じて予定運命のさらなる細分化が起こりつつ、それぞれの細胞が必要に応じて機能を果たすために、タンパク質をはじめとする様々な生体物質の合成をするようになる。これが細胞分化であり、細胞、そして個体の完成に向かっていく。

なお、種によっては（というか多くの生物種では）、発生の途中でダイナミックに体の様相を変化させ、いわゆる成体になるための体の構築を再度行

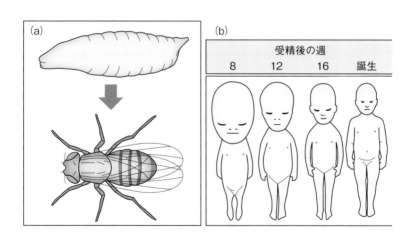

図 2-11　変態と成長
　（a）ショウジョウバエの完全変態。幼虫は蛹になると、いったん体のほとんどの部分を分解し、構築し直して成虫になる。(b)ヒトの成長に沿った体型の比率。頭の大きさの比率は、成長に従って小さくなっていく。

う。ショウジョウバエのように途中で体の形を完全に再構築する場合もあれ
ば（図2-11a）、カエルのように尾を短くして四肢を形成するものの、すべ
てをおきかえるわけではない場合もある。いずれにせよ、それぞれの種に応
じた時間を経て、受精卵は成体となる。ここで個体ができあがったとして、
死ぬまで同じ状態を維持するかというと、そうではない。ご存じのように多
くの多細胞生物では、成長によって体のサイズを大きくしていく。興味深い
のは、体を構成するパーツの比率も徐々に変化する点である。例えば、ヒト
の体全体に対する頭の大きさの比率は、成長が進めば進むほど小さくなる（図
2-11b）。

2.9　発生と進化

　最後に、発生と進化について簡単に触れる。すでに説明し、そしてこのあ
と何度もでてくるように、発生のメカニズムは生物種間でもちろん違いもあ
るが共通性も多く存在する。ヒトもカエルも胃や腸をもつといった構造の共
通性がもっとも分かりやすい。また、ホメオティック遺伝子など発生に関わ
る遺伝子も、節足動物と哺乳類で共通に存在する（3、5、6章などで詳しく
説明する）。多様性だけでなくこういった共通性にも着目することによって、
どの種とどの種が共通の祖先をもち、それらがどのような過程を経て多様性
を生み出してきたかを発生学の観点で論じることができるし、さらには発生
のしくみをより深く理解することが可能であろう。

3章 発生生物学を理解するための基礎知識

初期発生の様々なしくみを理解する上では、知っておいた方がよい基本的な知識がたくさんある。この章では、その中から特に（1）細胞骨格・細胞外マトリックス・細胞接着、（2）細胞内シグナリング、（3）遺伝子の転写制御について触れ、発生の諸現象の理解の助けとなるようにしたい。

3.1　細胞骨格・細胞外マトリックス・細胞接着

多くの細胞を使って体を作り出す上でもっとも重要なことの1つに、構造としての体の保持がある。細胞膜は柔らかく、中も粘性がある液状の物質で満たされている。単細胞であれば強度的にこれだけで問題ないかもしれないが、多細胞生物では、このような柔らかい細胞を単純に集めただけでは、体の形状を保持することができない。そこで、細胞の物理的な強度を高めるため、細胞の内外で様々な生体物質、そしてそれらがもつ特徴的な構造を利用している（図3-1）。ここでは、その中でも特に発生現象の理解に必須な細

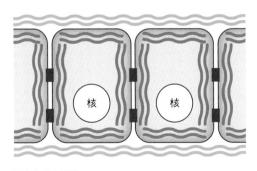

図 3-1　細胞の形を支える要素
　細胞内では細胞骨格（赤）が、細胞外では細胞外マトリックス（青）が、そして細胞間では細胞接着（黒）が、細胞の強度を高め、細胞の形を支える要素となる。

胞骨格、細胞外マトリックス、細胞接着に焦点を絞って説明する。

3.1.1　細胞骨格

　細胞骨格の役割は様々で、細胞の中ではタンパク質の輸送、染色体の分配、さらには細胞の強度や動きを作り出すことにも重要な役割を果たしている。一例として、細胞の強度と細胞骨格との関係についてもう少し詳しく説明する。細胞膜はリン脂質が連なったものであり、イメージとしてはグニャグニャしている。つまり、そのままだと形は保てない。細胞の中が水で満たされているとすると、細胞の形は丸くなるか、四角形あるいは六角形がびっしり並んだようなものになるだろう。一方、実際の細胞の形は多種多様である。このような形を維持するためには、何かで支えられる必要がある。細胞の中で、細胞の形を支え、強度を生み出すために必要なものが細胞骨格である。また細胞骨格は、細胞の運動にも大事である。例えば、鞭毛や繊毛など、細胞の表面にある特殊な構造の強度を保つために使われる。また、細胞表面が動的に変化することで細胞自体の動きを生み出すパターンもある。細胞骨格は主に3種類、すなわちアクチン繊維、微小管、そして中間径繊維（中間径フィラメント）が知られる。以下にそれぞれの特徴を示す。

① アクチン繊維

　3種類の細胞骨格繊維の中ではもっとも細い。アクチン繊維の最小単位はアクチン（actin）という球状のタンパク質（G［globular］アクチンともよばれる）で、これが数珠のように連なることで、繊維状の構造を作り出している（図 3-2a）。Gアクチン同士の結合する場所も決まっているので、結果として作り出された繊維には方向性があり、繊維の両端はそれぞれプラス端とマイナス端とよばれる。重要な特徴は、比較的頻繁にGアクチンがくっついたり（**重合**）離れたり（**脱重合**）する点である。重合・脱重合は必ずしもランダムではなく、アクチン繊維と特異的に結合するタンパク質によって制御を受ける。

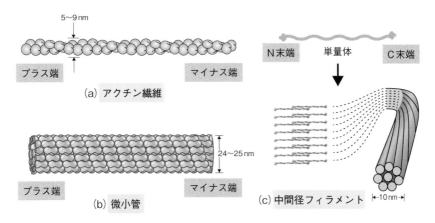

図 3-2 3 種類の細胞骨格
（a）アクチン繊維。球状の G アクチンが少しずつねじれながら連なっている。
（b）微小管。二つのチューブリン（赤と青の球）が順序よく配列し、管状
の構造を作り出している。（c）中間径フィラメント。ひも状のタンパク質が
互い違いに並び、繊維状構造を構築している。

② 微 小 管

微小「管」とよばれるとおり、管腔構造を形成している（図 3-2b）。基
本となるタンパク質はチューブリン（tubulin）とよばれる。チューブリン
は分子量約 50 kDa で、いくつかの種類が知られている。もっとも有名なの
は α チューブリンと β チューブリンであり、これらのヘテロダイマーが順
序よく配列している。アクチン繊維同様、微小管には方向性があり、やはり
マイナス端、プラス端とよばれる。重合・脱重合が盛んなのはプラス端で、
プラス端に結合するタンパク質（**+TIPs**［microtubule plus end tracking
protein］という）がその制御に重要な役割を果たす。

③ 中間径フィラメント（中間径繊維）

中間径フィラメントのもっとも重要な役割は、細胞の形を維持し、物理的
な力から細胞を守ることである。中間径フィラメントの直径はおよそ 10 nm
であり、微小管よりは細く、アクチン繊維よりは太い（図 3-2c）。"中間径"

とよばれるゆえんである。中間径フィラメントは、細胞膜だけでなく、核膜の形状保持にも寄与している。中間径フィラメントが他の細胞骨格繊維と異なるのは、重合・脱重合が頻繁に起こらないことである。動的な変化というよりは、変化は伴わないものの、安定的に細胞の強度を維持することに必要とされる。中間径フィラメントを構成するタンパク質は、アクチンや微小管と違って1種類ではない。ケラチン、ビメンチン、核ラミナなどが知られる。

3.1.2　細胞外マトリックス

　細胞骨格は、細胞の中で細胞を支え、強度を生み出している。では、そのような物質は細胞の外にはないのだろうか。細胞の外で細胞を支え、強度を生み出すのが**細胞外マトリックス**（**細胞外基質**ともいう。extracellular matrix、略して **ECM**）である。細胞外マトリックスが細胞骨格と大きく異なる点は、タンパク質だけでなく、糖鎖も構成成分に含まれることである。もっともよく知られる細胞外マトリックスは**コラーゲン**である（図 3-3a）。

（a）コラーゲン繊維

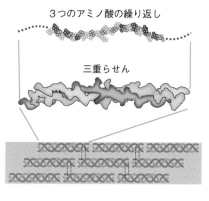

３つのアミノ酸の繰り返し

三重らせん

（b）プロテオグリカン

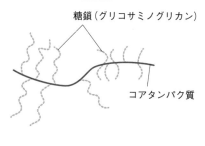

糖鎖（グリコサミノグリカン）

コアタンパク質

図 3-3　細胞外マトリックス
（a）コラーゲン繊維。3つのアミノ酸の繰り返し構造をもつ鎖が三重らせんを形成し、さらにそれらが集まって強固な繊維構造を形成している。（b）プロテオグリカン。核となるタンパク質に、複数の糖鎖（グリコサミノグリカン）が結合している。糖鎖、コアタンパク質ともにいろいろな種類がある。

コラーゲンはタンパク質で、3個のアミノ酸の単位が多数連結して繊維状の構造を作り出している。さらにコラーゲンタンパク質は三重らせん構造をとる。動物の体にはコラーゲンが多く存在していて、特に骨や軟骨など結合組織とよばれる構造にはコラーゲンが多く含まれている。

次いで細胞外マトリックスとして豊富に存在するのが**プロテオグリカン**である（図 3-3b）。プロテオグリカンは、核となる1つのタンパク質（コアタンパク質）に多数の糖鎖（グリコサミノグリカン）が結合したものである。グリコサミノグリカンとしては、コンドロイチン硫酸、ヘパラン硫酸、ヒアルロン酸などが知られる（ヒアルロン酸はタンパク質とは結合しない）。細胞外マトリックスとしては、その他にもフィブロネクチン、ラミニンなどが知られる。これらは、培養細胞を培養する際のコート剤（細胞の下に塗布して細胞の足場にする）にもよく使われる。

3.1.3 細胞接着

多細胞生物の個体を作る上で、細胞と細胞をつなぎ止める必要があることはすぐに理解できるだろう。では、実際に細胞はどのようにしてつなぎ止められるのか。実は、面と面がべたっと接着しているのではなく、点や線状に間隔をあけて細胞膜同士がつなぎ止められている。つなぎ止めの構造は**細胞接着装置**とよばれる。初期発生においても細胞接着は重要な要素となる。なぜなら、初期発生では細胞自身の大きさが変化し、さらには細胞が移動する必要が出てくるが、そのときに接着を緩めたり外したりする、つまり細胞接着が「制御」される必要があるからである。

接着装置にはいくつかの種類が知られており、それぞれの役割を果たす（図3-4）。

① 細胞を「つなぎ止める」という点で大事な接着装置がいくつか知られる。これらはいずれも、細胞の外で他の細胞や細胞外マトリックスと接着するが、同時に細胞の中では細胞骨格繊維とつながっている。これらをさらに分類すると、以下のようになる。

a) **接着結合**：外は細胞、中はアクチン

発生生物学を理解するための基礎知識

3

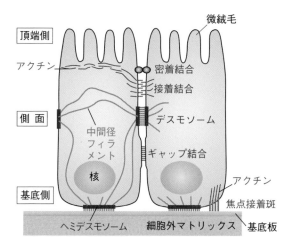

図 3-4　様々な細胞接着装置
　細胞には、いろいろな接着装置が備わっていて、それぞれの役割
を果たす。細胞の頂端からの液体の漏れを防ぐはたらきがある密着
結合、細胞の動的な接着をになう接着結合・焦点接着斑、安定的
な結合に働くデスモソーム、ヘミデスモソーム、細胞同士を連結し、
物質移動が可能なギャップ結合などがある。

b) **焦点接着斑**：外は細胞外マトリックス、中はアクチン

c) **デスモソーム**：外は細胞、中は中間径繊維

d) **ヘミデスモソーム**：外は細胞外マトリックス、中は中間径繊維

　細胞と細胞、細胞と ECM のつなぎ止めに直接関わる膜タンパク質とし
て、**カドヘリンとインテグリン**が知られる（図 3-5）。接着タンパク質は他
にもいろいろあるが、ここではこの 2 つを代表例として取り上げる。カドヘ
リンは約 120 kDa の分子量をもつ膜タンパク質で、いくつかの種類が知られ
る。重要な特徴は、同じ種類のカドヘリン同士の接着が強い点（同種親和性
とよばれる）、接着にはカルシウムイオンを必要とする点である（図 3-5a）。
インテグリンもまた膜タンパク質で、α 鎖と β 鎖の二量体で機能する（図
3-5b）。α 鎖、β 鎖それぞれいくつかの種類があり、その組合せの違いでど
の細胞外マトリックスと結合できるかが決まる。例えば、α5β1 はフィブロ
ネクチンと、α1β1 はコラーゲンやラミニンと、といった具合である。

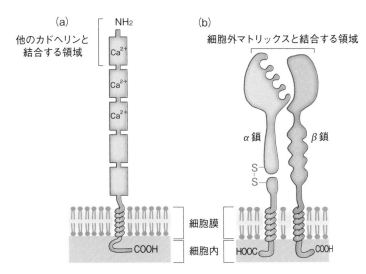

図 3-5　カドヘリンとインテグリン
(a) カドヘリン。細胞膜に埋まる形で存在する。細胞外に 5 つの
ドメインがあり、カルシウムイオンと結合する領域をもつ。また、
N 末端付近のドメインを介して、別のカドヘリンと結合する。(b)
インテグリン。二量体を形成し、細胞外には細胞外マトリックスと
結合するドメインをもつ。

② また、これ以外にも密着結合、ギャップ結合が知られている（図 3-4）。
密着結合は主に上皮組織において、細胞シートや管状構造の表面側で線状に
細胞をつなぎ止め、細胞外に存在する液体の漏れを防ぐ役割がある。細胞を
集めて管を作りその中に液体を通す場合、接着結合は点での接着なので、そ
れだけだと管の中の液が漏れてしまうと想像すると、密着結合の重要性が理
解しやすいだろう。ギャップ結合は細胞膜が直接隣の細胞と連結している。
細胞間の細胞質基質のやりとり、さらには膜の電位伝達を可能とする（接着
結合では脱分極の情報を電気的に伝えることができない）。

3.2　細胞内シグナル伝達

次に、細胞外の刺激が細胞内にどのように伝えられるか、そして遺伝子の
発現が調節されるしくみはどのようなものか、ごく簡単に説明する。

　細胞は、外部の刺激に応答してその信号（シグナル）を細胞内に伝え、遺伝子の発現の変化などをうながす。刺激がそのまま核の中まで到達すればよいが、実際には細胞は細胞膜に囲まれていて、それができない場合も多い。そのため細胞は、細胞外の刺激を遺伝子に伝えるまでの仲立ちをするしくみをもっている。これを**細胞内シグナル伝達**とよぶ。発生生物学においても、シグナル伝達は重要な役割を果たす。発生においては様々な種類の細胞を生み出すことが重要で、それは遺伝子発現の違いに起因する（☞2章）。胚発生では、パターンの違いを生み出すために細胞外の様々な分子が関わるが、それを遺伝子発現の違いに結びつける細胞内シグナル伝達の種類とそれぞれのON-OFFが重要である、というわけである。

　シグナル伝達の概要をごく簡単に示す（図3-6）。細胞外には様々なシグナル分子（**リガンド**とよばれる）が存在し、それらを受け止める受容体（**レセプター**）が細胞膜に埋まっている。ちなみに、受容体はそれぞれのシグナル分子専用のものが準備されている。シグナル分子は1種類ではないので、通常1つの細胞には様々な種類の受容体が存在している。さて、リガンドと受容体が結合すると、受容体に何らかの変化が生じる。例えば、細胞内にあ

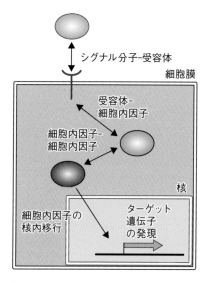

図3-6　細胞内シグナル伝達の概略
シグナル分子と受容体が結合した、というシグナルは、細胞内因子との相互作用により伝えられる。細胞内因子は、他の因子と相互作用する、ということがリレーのようにつながり、その後細胞内因子は核内に移動してターゲット遺伝子の転写を調節する。

る決められたタンパク質だけが結合しやすくなる、などである。すると、受容体にくっついたタンパク質に何らかの変化が生じる。例えば酵素活性が上昇する、などである。これらが複数のタンパク質でリレーのように起こった後、あるタンパク質は核の中に移動し、遺伝子の発現を変化させる。

　細胞内でシグナルを伝えるタンパク質について、もう少し詳しく説明する。シグナルの伝達は細胞内のタンパク質の変化といったが、具体的にはどのようなものがあるか。もっとも頻繁に登場するのが、タンパク質の**リン酸化**である。タンパク質を構成するアミノ酸のうち、セリン、スレオニン、チロシンはいずれも側鎖にヒドロキシ基をもっていて、これにリン酸基がつく（図3-7a）。この置換によってタンパク質の構造が少し変化し、別のタンパク質への結合状態がかわったり、酵素の活性が上昇したりする。タンパク質のリン酸化を行うタンパク質（酵素）は**キナーゼ**（kinase）とよばれる。しかし、世の中にキナーゼしかないのは不都合で、逆にリン酸基をタンパク質から外す酵素もある。これを**ホスファターゼ**（phosphatase）とよぶ。キナーゼとホスファターゼの働きにより、リン酸化を受けるタンパク質は活性状態と不活性状態が作り出される（図3-7b）。細胞内では、この反応が順次起こることによって、細胞外のシグナルが伝えられていく。

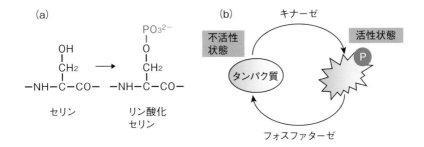

図 3-7　リン酸化
（a）セリンのヒドロキシ基の水素原子がリン酸基に置き換わる。（b）リン酸化と脱リン酸化。タンパク質はキナーゼによりリン酸化され活性状態となる。リン酸化には ATP が使われる。一方、リン酸化タンパク質はフォスファターゼによって脱リン酸化される。

3

発生生物学を理解するための基礎知識

コラム 3-1：シグナル経路の具体例

① TGF-βシグナリング

TGF-β（transforming growth factor β）というリガンドを中心とするシグナル伝達経路である。TGF-βスーパーファミリーという集団を形成していて、その中には BMP（bone morphogenetic protein：7章）、アクチビン（6章）といった、発生生物学において重要な役割を果たすタンパク質が含まれる。受容体としては、TGF-β受容体、BMP受容体、アクチビン受容体があり、それぞれのリガンドと特異的に結合する。共通する特徴として、タイプⅠ、タイプⅡという2種類の受容体があり、これらが2つずつ、合計四量体として働く。受容体とリガンドが結合すると、細胞内に存在する Smad というタンパク質がリン酸化される。リン酸化された Smad は核に移行し、標的遺伝子の発現を活性化する。細胞膜から標的遺伝子までに関わるタンパク質が比較的少ないシグナル経路である。

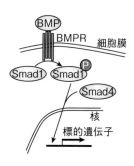

コラム図 3-①　TGF-β経路
（ここでは BMP の例を示す）

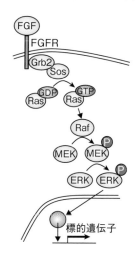

コラム図 3-②　RTK 経路

② RTK シグナリング

RTK は受容体型チロシンキナーゼ（receptor tyrosine kinase）の略で、対応するリガンドのうち代表的なものは EGF、FGF である。RTK は、自身をリン酸化し、細胞内にある他のタンパク質との結合を促進する。いくつかのタンパク質（このなかには G タンパク質［Ras］が含まれる）の活性化を通し、キナーゼである Raf が活性化される。面白いことに、このキナーゼは別のキナーゼをリン酸化し活性化する。

これがリレーのようにつながり（コラム図3-②）、最終的には転写因子の活性化を介して標的遺伝子の発現をうながす。

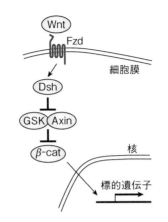

コラム図3-③ Wnt 経路

③ Wnt シグナリング

Wnt をリガンドとする細胞内シグナル経路で、受容体は Frizzled（Fzd）である。細胞外のリガンド量が少ないとき、細胞内にある β カテニンは GSK-3β の働きによりリン酸化され、それを目印にやってくるユビキチンリガーゼによってユビキチン化され、プロテオソームによって分解される。一方、リガンドと受容体が結合すると、Dishevelled（Dsh）、Axin などが GSK-3β と結合することで GSK-3β のキナーゼ活性が抑制され、結果として β カテニンはプロテオソームによって壊されず、核内に移行して標的遺伝子を制御する。ここではごく簡略化して示したが、Wnt シグナルは関与するタンパク質の種類が非常に多いことも特徴に挙げられる。

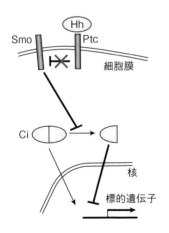

コラム図3-④ Hedgehog 経路

④ Hedgehog シグナリング

Hedgehog をリガンドとする細胞内シグナル伝達経路（ごく簡略化した図をコラム図3-④に示す）。Hedgehog がいないとき、Patched（Ptc）は膜タンパク質 Smoothened（Smo）の活性を抑制し、結果として細胞内に存在する Ci というタンパク質が切断されて標的遺伝子の抑制因子（リプレッサー）として働く。一方、Hedgehog と Patched が結合すると、Patched による Smoothened の抑制

が解除され、Ci は切断されずに核内に移行し、今度は標的遺伝子の活性化因子として働く。

⑤ Notch シグナリング

Notch をリガンドとするシグナル経路であるが、上記のシグナル経路と異なり、リガンドの Delta も膜タンパク質である。つまり、リガンドを分泌する細胞とそれを受容する細胞は互いに接触している。Delta の受容体が Notch である。Notch は Delta と結合すると、Notch の

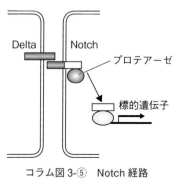

コラム図 3-⑤　Notch 経路

細胞内ドメインがプロテアーゼによって切り出され、そのまま核内に移行し、他のタンパク質と共同して標的遺伝子の発現を活性化する。

　もう１つの例としてGタンパク質を挙げる（図 3-8）。こちらもタンパク質の修飾（何かがくっつく）だが、Gタンパク質はくっつくタンパク質の方を指す。リン酸化タンパク質のリン酸に対応するのは、GTP（グアノシ

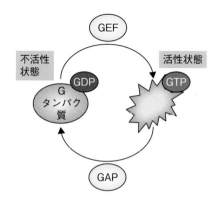

図 3-8　G タンパク質
　G タンパク質に結合した GDP が外れ，GTP に付け替えられると活性状態となる。これは GEF という酵素が担う。逆に、GTP のリン酸が１つはずれて GDP になると不活性状態になる。これは GAP という酵素が担う。

ン三リン酸）または GDP（グアノシン二リン酸）である。GTP は RNA の文脈で出てくる GTP と同じである。G タンパク質に GTP が結合した状態が**活性状態**、逆に GDP が結合した状態は**不活性状態**である。GDP を外してGTP を結合させる（＝活性化する）タンパク質を **GEF**、GTP からリン酸を1 つ外して GDP にする（＝不活性化する）タンパク質を **GAP** という（ちなみに GEF や GAP は総称で、タンパク質としては複数種類あることに注意）。

　以上、細胞内シグナル伝達機構の概要をごく簡単に説明した。このようなシグナル経路は、1 つの細胞に 1 種類ではなく、たくさんの種類のリガンドに対応できるようにあらかじめ用意されている。コラムでは、発生生物学において重要とされる多くの細胞内シグナル経路のうちごく一部について、少しだけ具体的に説明した。必要に応じ、実際の発生機構を説明するところで改めて触れることにする。

3.3 遺伝子の発現制御

　これまで説明したように、細胞は外の刺激に応答し、シグナルが細胞内を伝わって、標的遺伝子の発現が変化する。個体を構成する細胞はすべて同じセットの遺伝子をもつ。ヒトの場合は約 2 万個の遺伝子があるが、これらはすべて同時に発現しているかというと、そうではない。多細胞生物を構成する細胞の種類はたくさんあるが、それらを作り出すこと、そしてそれぞれの細胞が特徴的な機能を発揮できるのは、細胞の種類ごとに発現する遺伝子の種類を変えることができるからである。では、「細胞ごとに違う遺伝子発現」というのはどのようにして行われているのだろうか。

3.3.1　遺伝子の転写の概略

　遺伝子の転写制御の方式は、真核生物と原核生物で異なっているが、ここでは真核生物について説明する。まず、DNA に書き込まれている遺伝子であるが、タンパク質をコードする配列だけではない。メチオニンの上流、終止コドンの下流にはそれぞれ非コード領域があるが、この部分は mRNA に写し取られる（図 3-9）。ちなみに非コード領域は、転写後の調節、特に

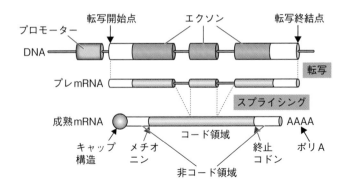

図 3-9　転写の概略
ゲノム上で遺伝子は、エクソンがイントロンに分断されるように存在する。また、遺伝子の上流にはプロモーターも配置されている。まず、転写開始点から転写終結点までが mRNA に読み取られる（プレ mRNA）。つづいてスプライシングによってイントロンが取り除かれ、キャップ構造やポリ A が付加されて成熟 mRNA となる。タンパク質は、成熟 mRNA の一部にコードされている。

mRNA の安定化などに寄与する。

　mRNA の転写は転写開始点から始まるが、真核細胞においては、RNA ポリメラーゼは単独では結合せず、他のタンパク質の助けが必要である。転写開始点より少しずれた場所にタンパク質の結合配列があり（図 3-10）、ここ

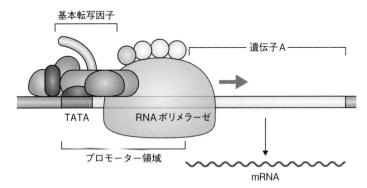

図 3-10　基本転写因子とプロモーター
真核生物では、基本転写因子が遺伝子の転写開始点の上流にあるプロモーター領域に結合すると、RNA ポリメラーゼが呼び込まれて転写が始まる。

に**基本転写因子**とよばれるタンパク質が結合することでRNAポリメラーゼがよび込まれる。基本転写因子の結合配列にはいくつかの種類があるが、もっとも知られるものの1つが**TATAボックス**である。また、基本転写因子は、直接DNAに結合するTFIIDとよばれるタンパク質をはじめとする複合体である。基本転写因子の結合配列を含め、転写開始に必要とされるDNA領域をプロモーターとよぶ（図3-10）。この辺の説明では様々な言葉が登場し、それがDNAの配列を指すのかタンパク質のことを指すのかについて混乱しがちなので、図を見ながら正しく理解してほしい。

　ここまでのしくみは、真核細胞の遺伝子に共通する転写のしくみであるが、すでに述べたように、細胞の種類によって転写が活性化されたりされなかったりという制御をかけるためにはもう1つ工夫が必要となる。発生のメカニズムにおいては、この組織特異的な転写調節機構が特に重要である。遺伝子から少し離れた場所に、**エンハンサー**という領域が存在する（ときには遺伝子の中に存在することもある）。エンハンサーにエンハンサー結合タンパク質（転写制御因子）が結合すると、これが引き金となり基本転写因子がプロモーター領域に結合するようになる（図3-11）。エンハンサー結合タンパク

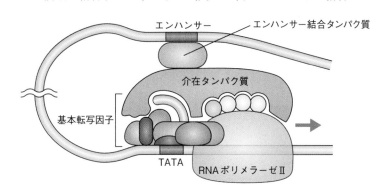

図3-11　エンハンサーによる転写制御
　エンハンサーにエンハンサー結合タンパク質が結合すると、基本転写因子のプロモーターへの呼び込みが促進される。このとき、図のようにエンハンサー結合タンパク質と基本転写因子を仲立ちする介在タンパク質が関わる場合もあれば、エンハンサー結合タンパク質と基本転写因子が直接相互作用する場合もある。以上の相互作用においては、図のようにゲノムDNAの大きな構造変化（曲がり）を伴うとされている。

質と基本転写因子の間に、仲立ちのタンパク質が介在する場合もある。ちなみに、逆の作用をする配列もある。**サイレンサー**という配列に転写制御因子が結合すると、積極的に転写が抑制される。

さて、1つの細胞の中で遺伝子が転写されたりされなかったりするのはこれまで述べたとおりであるが、発現する遺伝子の種類が細胞によって異なる理由については、2つの観点から考える必要がある（図 3-12）。1つは、それぞれの遺伝子が異なるエンハンサー、サイレンサーをもつということ。もう1つは、それぞれの細胞が異なる転写制御因子を含むということである。例を挙げる。1つの細胞に同じ転写制御因子 X があった場合、遺伝子 A がエンハンサー X をもち、遺伝子 B はエンハンサー X をもたないとすると、その細胞では遺伝子 A だけが転写され、遺伝子 B は転写されない。同様に、別の細胞には転写因子 Y があり、遺伝子 A はエンハンサー Y をもたず、遺伝子 B がもっていると、この細胞では、遺伝子 B だけが転写される。一方、遺伝子 A に着目すると、細胞1では転写されていて、細胞2ではされていない。これが、ヒトでいえば、2万種類の遺伝子と約 38 兆個の細胞すべてについてあてはまる。すべての細胞が同じ遺伝情報をもつにもかかわらず多彩な細胞が発生の過程で生じる原理の基本は、以上のことで説明可能である。

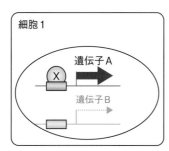
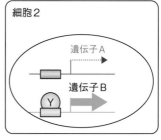

図 3-12　エンハンサーと転写制御因子の組合せ
遺伝子 A と B に異なるエンハンサーが備わっており、因子 X、因子 Y によってそれぞれ制御される、というしくみを作ると、①同じ細胞において発現する遺伝子、発現しない遺伝子を作り出すことができる。また、②1つの遺伝子について、細胞1で発現する、細胞2で発現しない、という細胞特異性を作り出すことができる。

3.3.2 転写制御因子と機能ドメイン

上記の説明のとおり、それぞれの遺伝子の転写は、転写制御因子によって調節を受ける。転写制御因子は、DNA に直接結合するもの、DNA には結合しないが DNA 結合タンパク質に結合して転写を調節するものがある。転写制御因子がもつ DNA 結合ドメインやタンパク質同士の結合に関わる機能ドメインについて、代表的なものをいくつか挙げて少し詳しく説明する（図3-13）。

① ホメオドメイン

ホメオボックスという、ショウジョウバエのホメオティック遺伝子に共通に見いだされた DNA 配列にコードされるタンパク質ドメインをホメオドメインという。ホメオティック遺伝子については 5 章で改めて説明するが、ここではタンパク質としての特徴のみ説明する。ホメオドメインは 60 アミノ酸からなり、3 つのヘリックスからなる DNA 結合ドメインとして働く。具体的には、3 つのヘリックスのうち 1 つが DNA の主溝にはまることで、DNA と容易に結合する。興味深いことに、ホメオボックスはホメオティック遺伝子だけでなく発生に関係する他の様々な遺伝子に見いだされ、さらにはショウジョウバエ以外の生物種（例えばヒト）でも似た配列が見いだされた。このことは、進化発生学的にも重要な問題を提示している（この点についても 5 章で触れる）。

② ジンク（Zn）フィンガーモチーフ

2 つの β シートと 1 つの α ヘリックスから構成される DNA 結合配列である。このモチーフの特徴は、モチーフを構成するアミノ酸のいくつか（システインやヒスチジン）が亜鉛原子と相互作用して構造を作っている点である。相互作用するアミノ酸残基の違い（システイン残基 2 つと亜鉛が相互作用するもの、システイン残基 2 つとヒスチジン残基 2 つ、合計 4 つが亜鉛と相互作用するものなど）によっていくつかの種類に分類される。

3

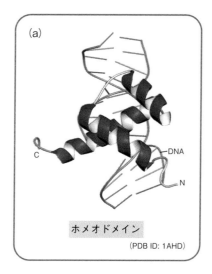

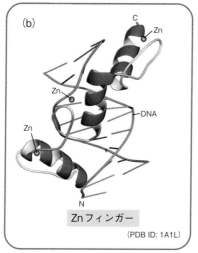

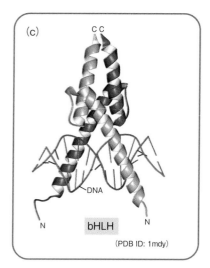

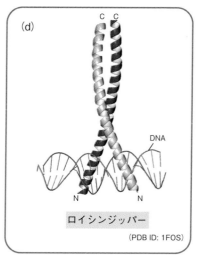

図3-13　転写制御因子の機能ドメイン
　代表的なものをいくつか示す。(a) ホメオドメイン、(b) ジンク (Zn) フィンガー、
(c) basic- ヘリックス - ループ - ヘリックス (bHLH)、(d) ロイシンジッパー。

③ bHLH モチーフ

bHLH は basic-helix-loop-helix の略で、塩基性アミノ酸に富む配列に続いて 2 つのヘリックスがループ構造をはさむことで作られている。多くのbHLH タンパク質は二量体を形成して転写因子として機能する。bHLH タンパク質はホメオドメインタンパク質とならんで転写因子の大きなファミリーを形成しており、初期発生に関わるタンパク質も多い。

④ ロイシンジッパーモチーフ

ロイシンジッパーモチーフは、タンパク質とタンパク質との結合に働く。タンパク質の同じ面にロイシン残基が並ぶように配置されると、同じモチーフをもつ別のタンパク質と相互作用する。その様子がジッパーのように見えるため、このような名前が付けられている。ロイシンジッパーモチーフをもつタンパク質は必ずしも DNA に結合しないが、転写因子同士の結合によく登場する。

3.3.3　遺伝子のエピジェネティック制御

真核生物において、ゲノム DNA はヒストンに巻き付いた状態で存在する。これをヌクレオソームとよぶ。遺伝子の転写制御は、転写因子と DNA 配列（エンハンサー・プロモーター）との相互作用が重要であるが、ヒストンが巻き付いたままでは転写因子と相互作用できない。逆に言えば、ヒストンの巻き付きの「硬さ・柔らかさ」は、そのまま遺伝子の転写制御に結びつく。この硬い・柔らかいはどのように調節されているのだろう。その答え（の 1 つ）はヒストンの修飾状態にある。

分かりやすい例としてヒストンのアセチル化を取り上げる。ヒストンタンパク質は正電荷を帯びていることで、負に帯電する核酸と硬く結合することができる。ヒストンにアセチル基（CH_3CO-）が修飾されるとヒストンの電荷が中和されて核酸との結合は緩む（図 3-14a）。

この反応は可逆的で、ヒストンのアセチル化は HAT（ヒストンアセチルトランスフェラーゼ）、脱アセチル化は HDAC（ヒストンデアセチラーゼ）

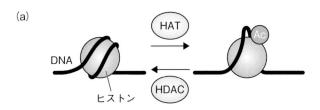

(a)

DNA

ヒストン

HAT

HDAC

Ac

(b) ヒストン
　　H3

ART K QTARK STGGKAPRKQLATKA ARK SAPA...

4　　9　　　　　　　　　　27

図 3-14　ヒストン
　（a）ヒストン修飾と DNA 鎖との結合。（b）ヒストンコード。
赤字はメチル化されるアミノ酸（一部のみ示す）。ヒストン
H3 の 4, 9, 27 番目のリシンのメチル化は特によく研究が行わ
れている。

という酵素がそれぞれ担っている。転写制御と関連付けると、HAT の作用
は転写因子－エンハンサー・プロモーターの結合を促進するし、HDAC は
その逆である。ヒストンの修飾はアセチル化だけでなく、メチル化やリン酸
化も起こる。興味深いのは、メチル基などが修飾されるアミノ酸はきちんと
決められていて、その場所によって転写が活性化したり逆に抑制されたりす
ることである（図 3-14b）。

　さらに、修飾される・されないは、遺伝子、さらには細胞が置かれている
環境によって異なる。メチル基の修飾もヒストンメチル化酵素が担っている
ので、やはりこのような酵素が活性化されるかどうかが転写と直接関係する。

3.3.4　タンパク質の翻訳後修飾

　翻訳によって合成されたタンパク質は、細胞の内外で機能する前には様々
な修飾をうける。上述のリン酸化やアセチル化も翻訳後修飾の 1 つである。
それ以外の修飾の例として、**ユビキチン化**について説明する。ユビキチンは
100 アミノ酸程度の小さいタンパク質であり、これがタンパク質に結合する。
ユビキチンが複数連なるように結合する場合（ポリユビキチン化）がよく知
られているが、ユビキチンが 1 つだけ結合する場合、さらにはポリユビキチ

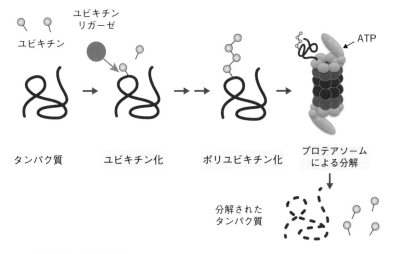

図 3-15　翻訳後修飾
ユビキチンはユビキチンリガーゼの働きによってタンパク質に結合する。
ユビキチン化されたタンパク質は、プロテアソームの働きによって分解さ
れる。このとき ATP が消費される。

ン化でもユビキチンの連結のしかたが違う場合などがあり、近年よく研究さ
れている。ユビキチン化は、ユビキチンリガーゼ（これも多くの種類がある）
を含むいくつかの酵素によって触媒される。

　ユビキチン化はタンパク質の様々な変化を引き起こすが、その１つはタン
パク質の分解である。ユビキチンが次々結合したポリユビキチン化が起こる
と、それをプロテオソームが認識し、タンパク質の分解をひき起こす（図
3-15）。プログラムされたタンパク質分解のしくみは細胞内シグナル伝達
（☞ 3.2 節）とも関係が深く、初期発生の様々な局面で必要とされる。

3.4　プログラム細胞死

　タンパク質だけでなく、細胞そのものが無くなるとプログラムされている
プログラム細胞死も、初期発生においては重要な役割を果たす。なぜ一回作っ
た細胞をわざわざ壊すのだろうか。１つは細胞の状態が悪くなったとき（例
えばがん化）にその細胞を壊すしくみが必要であるが、もう１つ、発生にお

3

発生生物学を理解するための基礎知識

いては少し多めに細胞を準備し、あとから整える方が様々な「ゆらぎ」に対応することができる、ということもある。いずれにせよ、細胞が維持できなくなるのではなく、細胞自身に備わったしくみによりいわば積極的に壊す、という機構が存在する。

　プログラム細胞死のうち、ゲノム DNA の分解を伴うものをアポトーシスという。アポトーシスにより、細胞骨格や核膜の崩壊や、DNA の断片化が起こる。アポトーシス関連遺伝子として知られているのがカスパーゼである。例えば、細胞にストレスがかかったとき、あるいは何らかのシグナルを細胞が受け取ったとき、カスパーゼの前駆体が活性化する。この活性化はカスパーゼの切断による。切断されたカスパーゼは別のカスパーゼを活性化し（これも切断による）、これが様々なタンパク質の分解を引き起こす。その1つとして、あるエンドヌクレーゼの活性化をひき起こし、核移行をうながしてゲノム DNA を断片化する。このようないくつかの反応を経て、最終的にアポトーシスが誘導される（図 3-16）。

　以上のようなアポトーシス誘導シグナルはむやみな細胞死を招かないためにも重要であり、その1つは Bcl-2 というタンパク質により制御されている。Bcl-2 は、細胞内でアポトーシス誘導シグナルの1つであるシトクロム c のミトコンドリアからの放出を制御し、カスパーゼの活性化を抑制する。

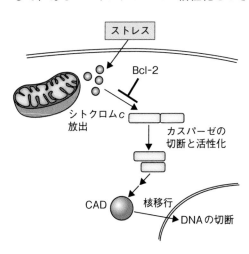

図 3-16　アポトーシス
　細胞がストレスを感知すると、カスパーゼが切断されて活性化され、核移行して DNA の分解を促進する。この経路は Bcl-2 によって抑制される。CAD: caspase-activated DNase。

3.5 配偶子形成と受精の概要

　配偶子形成・受精は、発生生物学の中で重要な位置を占めていることは間違いないが、本書では受精後からの胚発生のしくみに注目したいと考えているため、配偶子形成と受精については、この節でごく簡単にまとめて説明する。

3.5.1 卵・精子の形成

　卵は卵生であれ胎生であれ、卵巣から作られる（雌性生殖腺の発生は 9.1.5 項参照）。**始原生殖細胞**（primordial gonad cell, PGC とよばれる）は、まず有糸分裂を行って一定数まで細胞数を増やす。これが**卵原細胞**である。卵原細胞は一部が著しく成長し、**一次卵母細胞**となる（**図 3-17**）。一次卵母細胞は、つづいて第一減数分裂を始めるが、前期で一旦停止する。さらにその後、性成熟にあたって減数分裂を再開し、第二減数分裂の中期で再び停止して受精のタイミングを待つ。なおこの細胞周期停止は、細胞分裂停止因子（cytostatic factor, CSF）が関わると考えられている。卵母細胞における減数分裂の特徴は 2 回とも不等分裂であることで、分裂した一方の核質は極体として退化し、細胞質のほとんどはもう一方の細胞に引き継がれる。つまり、1 つの一次卵母細胞から生じる卵は 4 つではなく 1 つである。卵細胞の周りには、ホルモン合成などを行う支持細胞、卵母細胞を取り囲む補助細胞などがあり、それぞれ役割を果たしている。

　精子は精巣から形成される。始原生殖細胞が体細胞分裂によって増えた**精原細胞**は、増殖が止まった後成長し、**一次精母細胞**となる（**図 3-17**）。つづいて 2 回の減数分裂を行うことで精細胞となり、分化を経たのち精子となる。卵との違いの 1 つは、卵のように不等分裂は行わず、1 つの一次精母細胞から精子は 4 つできる点である。また、精子形成時、精母細胞は完全に細胞膜で囲われず、いわば多核体（シンシチウム）の構造をとる。その過程で細胞質が徐々に減り、中心体から鞭毛を伸ばし、精子に特徴的な形態へと分化する。また脊椎動物では、精母細胞の周りに存在するセルトリ細胞が、精細胞に栄養を供給し、精子の成熟を助ける役割がある。また精細管の近くに存在

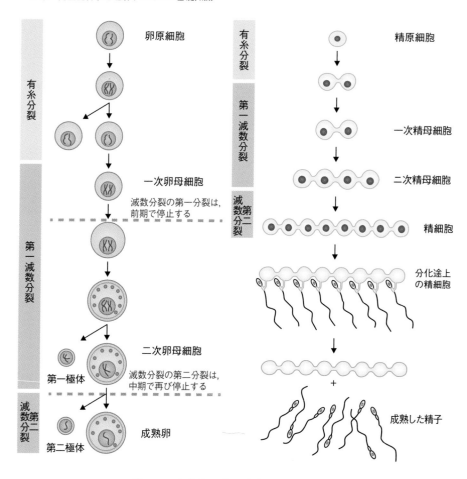

図 3-17　卵（左）と精子（右）の形成過程

する支持細胞であるライディッヒ細胞は、テストステロン分泌細胞として知られる。

3.5.2　受　精

受精は単純に言うと精子と卵子の融合を指すが、実は様々な問題がある。通常、精子は卵に比べてきわめて多い数が卵の周りに存在する。一方、精子

と卵は1対1で融合しないと、ゲノム配分の観点で大きな問題が生じ、通常は発生しない。また、精子が融合していないのに発生が始まることも同様に問題である。さらには、卵の周りはゲル状の物質で覆われている場合があり、精子はそれを「突き破って」卵に到達する必要がある。受精においては、こういった諸々の問題を解決するため、様々な工夫がなされている。

　受精の基本的な過程はウニ卵を用いた研究から分かったことが多い。ここでもウニ卵を例に挙げて説明する（図3-18）。精子が卵ゼリー層に到達すると、精子の先端にある**先体**（先体胞ともいう）が破れ、加水分解酵素を出すことでゼリーを溶かしながら卵細胞膜に近づく。また、精子は**先体突起**とよばれる構造を卵に向けて伸ばし、卵細胞と融合する。このとき、先体突起表面のバインディンというタンパク質が卵細胞側の糖タンパク質（精子結合受容体）と選択的に結合する。これが卵・精子の同種親和性を生み出すといわれている。

　精子と卵子が融合すると、卵細胞膜の脱分極が起こり、膜電位がすみやかに（0.1秒程度）上昇する。これは他の精子が卵細胞膜に近づくことを防止

3

発生生物学を理解するための基礎知識

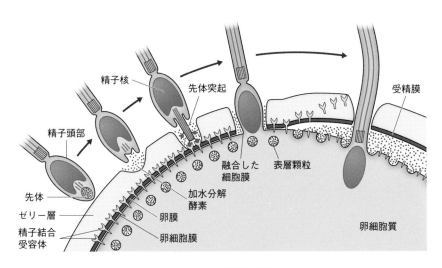

図3-18　受精の過程

することから、**多精防止機構**の 1 つと考えられている。また、精子が卵と融合すると、その場所でカルシウムイオン濃度が一過的に上昇し、それが卵の逆側に向けて波のように伝播する様子が観察される（☞ 6.1.2 項参照）。このカルシウムイオン濃度の上昇は、卵細胞膜付近に存在する表層顆粒（分泌小胞の一種）の分泌をうながす。表層顆粒が卵細胞膜と融合すると、プロテアーゼをはじめとする内容物を卵膜と卵細胞膜の間に放出する。この分泌物は、卵細胞膜上の糖タンパク質を切断するとともに、卵膜と卵細胞膜の間に隙間を作り、さらに卵膜を硬くする（ここで卵膜が受精膜としてはっきり視認できるようになる）。以上一連の過程によって、別の精子が卵細胞膜と結合できなくなる。これがもう 1 つの多精防止機構である。

　受精によって卵は活性化する。その 1 つはタンパク質合成の開始であり、また第二減数分裂中期で停止していた減数分裂を完了させて卵核と精子核の融合を行い、卵割に向けて DNA 合成などもはじめる。

4章 発生生物学を研究するための諸技術

この章では、発生生物学を研究するために用いられる様々な技術を紹介する。特に1980年代以降、分子生物学・細胞生物学・生化学的な手法が数多く使われてきた。生物学に共通する技術でもあり、様々な教科書にも多く記載されている内容なので、なるべく分かりやすく、かつ可能な限り詳しく説明できればと思う。

4.1 遺伝子を用意し、増やす

4.1.1 DNAを増やす

ヌクレオチド1つの重さはわずか約 $5 \sim 6 \times 10^{-22}$ g しかない。遺伝子の長さが2000塩基対からできているとしても、遺伝子一分子の重さはせいぜい 10^{-18} g で、1 pg（1 pg ＝ 10^{-12} g［1兆分の1グラム］）の100万分の1という、ものすごく少ない量である。これを人間が扱える量にするには、同じものをたくさん準備するしかない。つまり、遺伝子工学や分子生物学の実験を行うときには、遺伝子（あるいは核酸）を「増やす」ことが決定的に重要である。さて、それはどうすればいいのだろうか。

かつてはバクテリオファージ（細菌に感染するウイルス）を使った方法が一般的であった。具体的には、使いたいDNA断片をファージに連結し、それを大腸菌に感染させると、ファージに連結したDNA断片を大腸菌の中で一緒に増やすことができる。ただ、扱い方が若干難しい（例えば、大腸菌とファージの混合比が不適切だと回収量が減る、といったことがある）ことから、今日では高校の教科書でも出てくる**プラスミド**を使うことが一般的である（図4-1）。プラスミドは環状のDNAで、大腸菌に導入（4.1.4項で後述）すれば自己複製する、つまり増やすことができる。プラスミドDNAには、複製起点の他、望む断片を挿入するための制限酵素配列、プラスミドが大

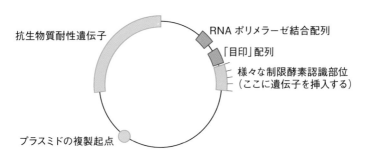

図 4-1　典型的なプラスミドの構造
　　環状の 2 本鎖 DNA を示しており、四角は特徴的な配列である。青色の四角は
　　多くのプラスミドがもつ配列で、抗生物質耐性遺伝子（抗生物質の細胞外排除
　　や分解などに作用する）、プラスミドが複製される際の起点となる配列、制限酵
　　素認識部位（この場所だけで切断される：多くは複数種類の酵素で切断できる
　　ようになっている）などである。桃色は必要に応じて挿入される配列で、遺伝
　　子を *in vitro* 転写するための RNA ポリメラーゼ結合配列や、遺伝子の発現を
　　モニターするための目印配列など、様々なものが考えられる。

腸菌に入ったことを確認するための薬剤選択マーカーなどが組み込まれてい
る。また使用目的によっては、挿入断片を人為的に転写させるための RNA
ポリメラーゼ結合配列や、挿入断片から翻訳されるタンパク質に連結するた
めの「目印」タンパク質が組み込まれている場合もある。ちなみに、例外も
多くあるが、プラスミドの大きさは概ね 20 kb くらいまでが一般的で、それ
以上になると大腸菌での保持が難しくなる場合もある。

4.1.2　RNA から DNA を作り出す：逆転写

　プラスミドやファージに連結する断片は DNA であるが、そのおおもとは
何も DNA とは限らない。例えば、真核生物の遺伝子といっても、ゲノム上
ではイントロンとエクソンが混在しているので、コード領域は 1000 塩基対
しかないのにゲノム上では数万塩基対にもわたって存在していることは珍
しくない。このような場合も含め、遺伝子工学的な実験では扱う断片を短
くする工夫が必要である。その 1 つが cDNA（complementary DNA：**相補
DNA**）である。cDNA は、mRNA から逆転写酵素を用いて合成される 1 本
鎖 DNA である。2 本鎖にするには少し工夫が必要で、例えば cDNA を鋳型

に PCR をかける、cDNA 合成直後の RNA-DNA ハイブリッドの RNA を部分的に分解し、それをプライマーに DNA 合成酵素で 2 本鎖を作る、といった方法がとられる。

COVID-19 に関連付けると、RNA ウイルス検出のための PCR 検査は、採取した唾液からごく少量の RNA を精製し、そこから逆転写により cDNA を合成して PCR の鋳型とすることで行われる。このような実験を **RT**（reverse transcription）**-PCR 法**とよぶ（図 4-2）。

後述するように、RT-PCR は細胞における mRNA の有無を調べることもできる。RNA をそのまま鋳型にすればいいのでは？なぜわざわざ相補鎖を作るのか？と考える人がいるかもしれない。その理由の 1 つは、RNA の熱不安定性である。DNA は 100℃ 近くに熱せられても 2 本鎖が 1 本鎖に解離するだけだが、RNA は鎖そのものが分解してしまう。これでピンと来た人もいるかもしれない。PCR 反応は鋳型を何度も 95℃ にさらすことが必要であり、これが PCR 反応の鋳型に RNA をそのまま用いることができない理由となっている。

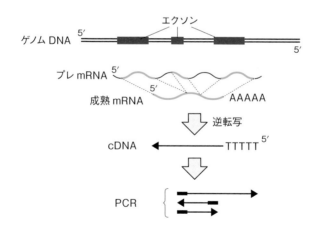

図 4-2　RT-PCR 法の概略
ゲノム DNA から転写された mRNA（青線）を鋳型に、ポリ A 配列の相補配列、つまりポリ T をプライマーに用い、逆転写酵素によって cDNA を合成する。この 1 本鎖 DNA を鋳型に、改めて PCR などにより 2 本鎖を増幅する。PCR の黒四角はプライマーを示す。

4

発生生物学を研究するための諸技術

4.1.3　DNA を切断し、つなげる

プラスミドや DNA 断片を切断したり連結したりすることは、まさに分子生物学・バイオテクノロジーの代表ともいえる技術であり、発生生物学のみならず生物学分野全体が劇的に発展した大きな理由の1つといえよう。まず、DNA の切断に用いられるのは**制限酵素**である。もともとは大腸菌などの真正細菌が、外から侵入する生物（それこそファージはその1つ）に抵抗するため、外来生物のゲノム DNA を切断するために存在する。制限酵素（多くは4〜8塩基の DNA 配列を認識する）の特徴は、基質特異性がきわめて高く、違う認識配列は切断しないこと、認識配列が回文構造であることが多い（すべてではない）点が挙げられる。また、切断面が2本鎖上でずれる場合が多く存在することも特徴である。図 4-3a に示すように、DNA 2本鎖の 5′ 側が突出しているような切断末端を **5′ 突出末端**、3′ 側が突出しているような切断末端を **3′ 突出末端**という（ずれていない末端は**平滑末端**という）。さらに、制限酵素は種類がきわめて多く、認識配列の種類も様々である。そのためバイオテクノロジーの手法として制限酵素を使うとき、切断したい配列を好きに選ぶことができる。一方、上記のとおり制限酵素が認識する塩基数は少ないので、例えば6塩基を認識する制限酵素は、単純計算だと4の6乗、つまり DNA 鎖の約 4000 塩基に1か所切断する。そのため、全ゲノム配列の中で1か所だけ切断する、といったことはできない。ただ、8塩基を認識する酵素や、もっと複雑な配列を認識するものもあり、それなりに長い DNA 断片の作製もある程度は可能である。

　DNA 断片同士を連結する（違う言い方をすると、あるヌクレオチドの 3′ のヒドロキシ基と別のヌクレオチドの 5′ のリン酸基を連結する）酵素としては DNA リガーゼが知られる。DNA リガーゼは、突出末端の形状が異なると連結できない[4-1]。また、平滑末端同士の連結は突出末端の連結に比べ効率が悪いことも知られているが、逆に平滑末端であれば、違う制限酵素で切

※ 4-1　逆に、認識配列の違う制限酵素でも、突出末端の形状が同じだと連結できる。例えば *Xho*I（認識配列：C ↓ TCGAG）と *Sal*I（認識配列 G ↓ TCGAC）は、認識配列は違うが突出末端の配列はともに TCGA と同じであるため連結することができる）。

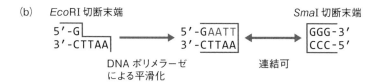

4

発生生物学を研究するための諸技術

図 4-3　制限酵素の切断末端と平滑化
（a）制限酵素の切断パターンの例。赤矢印で示した部分は突出部。
例えば *Eco*RI は 5′ 側が突出するように切断される（青線の囲み）。（b）
突出末端をもつ DNA 断片は、DNA ポリメラーゼを作用させること
により不足部が合成され、平滑末端にすることができる。すると、他
の制限酵素で切断した平滑末端、あるいは同様の方法で平滑化した
DNA 断片と連結することができるようになる。

断した断片との連結も可能となる（**図 4-3b**）。ちなみに突出末端も DNA ポ
リメラーゼなどの酵素を使えば平滑末端に「加工」することができるので、
結果的には連結が可能となる。

4.1.4　プラスミドを大腸菌に導入する：トランスフォーメーション

　望む断片を連結したプラスミドを大腸菌に導入することには 2 つの意味が
ある。1 つは、すでに説明したとおり、DNA を増やすことである。連結に
用いる DNA の量は、通常さほど多くはない。そもそも、連結するために使
う最初のプラスミドを用意するためには、それ自体を増幅することが必要で

ある。もう1つは、上の断片連結の実験と関わりがある。DNA断片と（切断した）プラスミドを混ぜて連結すると、すべてが連結されるのかというと答えはNOで、断片が連結されていないプラスミドが必ず混在する。これを区別するため、連結したプラスミド（の混合物）をいったん大腸菌に取り込ませ（多くの場合1つのプラスミドしか取り込まれない）、正しいプラスミドをもつ大腸菌だけを選別することで、目的のプラスミドを得ることができる。

　大腸菌へのプラスミドの導入法としては、細胞壁の透過性を上げてプラスミドが通過できるようにした大腸菌（**コンピテントセル**という）とプラスミドDNAを混合する方法、一過的に高電圧を大腸菌などに与えることで細胞膜に小さな穴をあけ、短時間プラスミドDNAを通せるようにする方法（**エレクトロポレーション法**）などがある。エレクトロポレーション法は大腸菌だけでなく、培養細胞などでも使われる（図4-4）。

・コンピテントセルを用いた方法

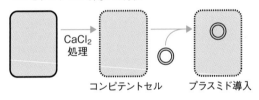

・エレクトロポレーション法

図 4-4　大腸菌へのプラスミドの導入
　　コンピテントセルは、細胞表面の状態を不安定にすることで透過性を上げた大腸菌である。これとプラスミドDNAを共存させると、一定の割合でプラスミドDNAが細胞内に入る。エレクトロポレーション法は、一過的に強い電圧をかけることで、細胞に小さな穴をあけ、プラスミドが通れるようにする方法である。

4.1.5 試験管内で DNA を増やす：PCR

PCR については高校でも学習されることが多いと思うので、原理は省略する。上記のように、DNA 断片の増幅は、ファージやプラスミドに連結し、大腸菌など生物の力を借りて行うことが多かったが、PCR によって「生物の力を借りずに」「機械で」DNA 断片を増幅することが可能となった。また、求める断片だけをごく微量の鋳型から短時間で増幅できることも PCR の利点である。逆に、プラスミドによる増幅と違い、10 kb 以上の長い DNA 断片を得ることはなかなか簡単ではない点がデメリットである。

4.2 着目する核酸配列の検出法

胚発生を理解する上で、どの遺伝子が、どの場所でどの時期に転写されるかを知ることはきわめて重要である。遺伝子の発現の有無はどうすれば調べることができるのだろうか。そもそも、着目する遺伝子がゲノム上にあるかないかということは、発生生物学のみならず、生物学研究で共通に必要とされる研究手法である。PCR で遺伝子が増えるかどうかを調べればすぐに分かるのではと考える人もいるだろう。それは間違いではないのだが、PCR による遺伝子の特異的な増幅は、プライマーが適切で増幅断片が 1 種類であることが前提で成り立っていて、増幅断片が正しいものかどうかを直接判定するわけではない。そもそも、細胞での転写の有無は mRNA で調べる必要があるが、RNA を鋳型に使えないことは 4.1.2 項で説明したとおりである。逆に、遺伝子を連結したプラスミドを大腸菌に取り込ませる実験のチェックで、大腸菌（のコロニー）を 1 つずつシーケンシング（塩基配列を決定する）する人はいない。ではどうすればいいのか。

　求める塩基配列がある場所（胚、細胞、溶液、フィルター……）に存在するかどうかを調べる実験に利用される原理は、**核酸の相補性**である。5′-AACCAACC-3′ という配列があるかどうかは、5′-GGTTGGTT-3′ という断片（プローブという）を準備し、ハイブリッド形成が起こるかどうかを調べればよい。しかし、細胞内であれ試験管内であれ、ただ両者を混ぜただけでは、単に混ざっているのかハイブリッド形成しているのかは分からな

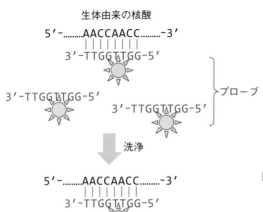

図4-5　核酸の検出の原理
生体に存在する核酸と相補的な配列をもつ核酸（プローブ）とを共存させると、一部は会合するが、多くは1本鎖のまま存在する。その後、洗浄して1本鎖のプローブを除去し、もともとの核酸を検出する。

い。一般には、調べる核酸を何か（フィルターや細胞そのもの）に固定しておき、ハイブリッド形成していないプローブを洗い流すのが一般的である（**図4-5**）。もう1つは、プローブを可視化しないとそもそもハイブリッド形成したプローブがどこにいるか分からない。これも、一般にはプローブとなるDNA断片に放射性物質（ヌクレオチドのリンを放射性物質に置き換えたもの）や蛍光物質（ヌクレオチドに修飾する）、あるいは他の化学物質を修飾することで作製する。もちろん、PCRの場合にはプローブは用いないが、増やしたいDNAだけが増幅する根拠は、やはりプライマーと求める核酸とのハイブリッド形成である点は同じである。

　核酸の検出法は、細胞から抽出したDNAやRNAを特殊なフィルターに吸着させ、プローブを結合させる**ブロッティング法**、ホルマリンなどで固定した細胞そのものにプローブを添加する *in situ* **ハイブリダイゼーション**などがある。また、マイクロチップに貼り付けた1本鎖DNAに、細胞から抽出したRNAを標識してハイブリッド形成させる **DNAマイクロアレイ**とよばれる方法がある。ハイブリッド形成を用いた方法ではないが、最近で

は、mRNA をそのまま次世代シーケンス法によって断片の塩基配列を調べる **RNA シーケンス法**も広く使われるようになっている（コラム 4-1 参照）。

コラム 4-1：遺伝子発現の解析法：詳細

　初期発生研究では、どの細胞でどの遺伝子が転写されているかを調べることがきわめて重要である。類似の解析としては抗体を用いたタンパク質の検出による解析（後述）が考えられるが、利用可能な抗体の有無が問題となる。その点、転写解析は原理的にはどの遺伝子でも自力で解析可能であることから、今でも一定のニーズがある。

① *in situ* ハイブリダイゼーション法
　ホルマリンなどで固定した組織に、標識したプローブを含む反応液に浸すと、細胞の中にある、プローブと相補的な配列をもつ mRNA の場所にプローブが集まる。プローブの検出には、蛍光標識されたプローブの直接検出、ある化学物質を結合させたプローブを抗体で検出する方法などがある。以下の２つの方法と違い空間情報が失われないので、どの場所（細胞）で遺伝子が転写されているかということを解析するためには重要な手法といえる。

② ノーザンブロット法
　ブロッティング法の１つで、RNA を材料に使うものをノーザンブロット法とよぶ。細胞から精製した mRNA をアガロース電気泳動してサイズ分画する。このアガロースゲルとナイロンメンブレン膜やニトロセルロース膜（いずれも核酸の吸着力が強い）を接触させ、RNA を膜に写し取る。次に、プローブを含む液にこの膜を浸すと、対応する mRNA の部分にプローブが集まり、プローブと mRNA がハイブリッド形成する。最後にプローブを検出すれば、着目する mRNA がその細胞にどれくらいあるかが分かる。また、着目する mRNA が実際どのくらいの長さかが分かることもこの方法のメリットである。

4

発生生物学を研究するための諸技術

③ DNA マイクロアレイ法

本文で説明したように、マイクロアレイとは、スライドガラスなどに1 種類の 1 本鎖 DNA（40 ～ 400 bp くらい）を多数小さいスポットに固定し、そのスポットを数万個ならべたものである。細胞から精製したRNA 全部を蛍光色素などで標識し、これを含む溶液にマイクロアレイを浸すと、やはり 1 本鎖 DNA と細胞中の mRNA がハイブリッド形成する。上記の方法が in situ ハイブリダイゼーションやノーザンブロット法と決定的に違う点は同時に検出できる遺伝子数で、原理的にはスポットの数だけ検出が可能である。つまり、ヒトの遺伝子を 20000 個スポットしておけば、細胞に含まれるすべての種類の mRNA の有無を一網打尽に検出できるというわけである。

④ RT-qPCR 法

本文で説明したように細胞から精製した mRNA を逆転写し（☞ 3 章）、これを鋳型に PCR を行うのが RT-PCR 法である（☞ 4.1.2 項）。以前は増幅断片をアガロース電気泳動して定量することが多かったが、近年ではリアルタイム PCR 法[※4-1] を用い、より定量的に転写量を調べることが可能になっている。これを RT-qPCR 法（または qRT-PCR 法）とよぶ。

⑤ RNA シーケンス法

これはもっと単純に、細胞に含まれる mRNA の塩基配列をすべて読んでしまおうという方法である。実際には mRNA 全長の塩基配列決定は（2021 年時点では）難しく、mRNA の両端せいぜい数十塩基対、長くても 100 塩基程度である。とはいえ、その mRNA がどの遺伝子から転写されたものかを知るには十分なので、結果としてどの遺伝子からどれくらい

※ 4-1　リアルタイム PCR 法：2 本鎖 DNA の主溝と結合したときだけ蛍光を発する色素を PCR 反応液にいれ、蛍光量をリアルタイムで計測すると、PCR 増幅ステップの途中で、急激に蛍光量が増大する（DNA 断片の増加を反映している）。このタイミングは、もともとの鋳型の量が多ければ多いほど早いので、このタイミングを調べることで、鋳型の量（≒細胞に存在する mRNA の量）を定量的に調べることができる。

転写が起こっているかが分かる。RNA シーケンス法の原理はここでは示さない。各自で調べて欲しい。

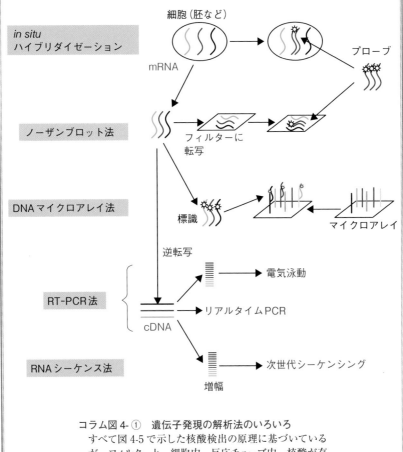

コラム図 4- ① 遺伝子発現の解析法のいろいろ
　すべて図 4-5 で示した核酸検出の原理に基づいている
　が、フィルター上、細胞内、反応チューブ内、核酸が存
　在する場所に応じて方法は異なっている。

コラム 4-2：核酸ハイブリッド形成のコントロール

　核酸同士のハイブリッド形成はどんな環境でも一律に起こるかというと、そうではない。実は、温度、塩基配列・断片の長さ、塩濃度、そして互いの相補性がどれだけ一致しているかによって、ハイブリッド形成のしやすさが異なる。

① 温 度

　最近では PCR の原理を学習することから、温度を上昇させると核酸の 2 本鎖が解離することを知る方は多い。実際、温度が高くなると核酸のハイブリッド形成は起こりにくくなる。とはいえ、2 本鎖の状態と 1 本鎖の状態の比率は、温度に対して比例関係ではなく、ある温度で急激に変化する（コラム図 4-②）。ハイブリッド形成した鎖が全体の半分となる温度を T_m とよぶ。上記の実験でも、ハイブリッドさせるときの条件はこの T_m 値が重要な基準となる。

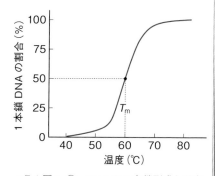

コラム図 4-②　DNA の 2 本鎖形成と温度との関係
横軸は温度、縦軸は DNA 全体に対する 1 本鎖の割合を表したグラフ。
2 本鎖形成の比率が 50％となる温度を T_m とよぶ。

② 塩基配列

　塩基配列では、T_m 値は DNA という「物質」に固有の値かというとそうではない。実は T_m 値は、断片の塩基配列によって左右される。その重要な 1 つは、断片中に含まれるグアニン（G）とシトシン（C）の比率である。G と C は互いに会合するが、そのときの水素結合は 3 か所である。一方アデニン（A）とチミン（T）あるいはウラシル（U）が会合するときの水素結合は 2 か所であるため、G−C 結合の方が A−T 結合（または A−U 結合）よりも強い。つまり、断片に含まれる GC 含量が高いほど、他が同じ条件

でも T_m 値は上がる（＝より会合しやすい）。また、厳密にいうと、GATC のちらばり具合によっても断片全体の T_m 値は微妙に変化する。さらに、断片の長さが長ければ長いほど、T_m 値は上がる。

③ 塩濃度

塩濃度では、塩基配列が一定であれば T_m 値は一定だろうか。これも答えは NO である。一般に核酸は、溶解している水溶液の塩濃度が高いほど会合しやすい（つまり T_m 値が大きくなる）。

④ 核酸鎖同士の相同性

２本鎖を形成するとき、１か所でも相補的ではない塩基があると、瞬く間に１本鎖に解離してしまうだろうか。これも、想像どおり NO である。ある程度の断片の（つまり鎖の）長さがあれば、多少のミスマッチは許され、ちゃんとハイブリッド形成する。しかし、もちろんミスマッチがあればあるほど T_m 値は下がる。つまり１本鎖に解離しやすくなる。実はこのことが、核酸検出の際のメリットになる。まず、ミスマッチがあれば解離しやすくなるという点は、正しい配列のみを検出する上では重要となる。一方、実際の実験では、ある程度ミスマッチを含む断片でもハイブリッド形成ができることで、似た（別の）配列を検出できるということも意味している。例えば、ヒトの遺伝子と似た配列を他の生物種で見つける、といったことも、ハイブリッド形成をさせる実験において温度をうまくコントロールすれば可能となる。

コラム表4-① 諸条件の違いによる
核酸の２本鎖の解離のしやすさ

	２本鎖の解離	
	しにくい	しやすい
温度	低い	高い
塩基	G, C	A, T/U
塩濃度	高い	低い
２本鎖の配列相同性	高い	低い

4

発生生物学を研究するための諸技術

4.3　決められたタンパク質を見つけ出す方法

　核酸の検出には、相補性に基づくハイブリッド形成にほぼすべて頼ることになる。では、着目する「タンパク質」の検出はどのようにすればよいのか。タンパク質と特異的に結合するものを想像すると、すぐに思い浮かぶのは**抗体**である。実際、抗体の**抗原抗体反応**がタンパク質の局在検出には大いに役立っている。1つは、注目するタンパク質を一定量準備し、それを動物（ウシ、ヤギ、ウサギなど哺乳類が多い）に注入すると、その動物では注入したタンパク質に対する抗体が産生される。これを回収することで、注目するタンパク質と特異的に反応する抗体を得ることができる。ただ、もちろん動物の血中にはそれ以外にも様々な抗体があり、必要な抗体だけをそれらから完全に分離するのは難しい（そのため、このようにして得られた抗体は**ポリクローナル抗体**とよばれる）。もう1つの方法は、抗体を産生するB細胞をあらかじめ準備し、注目するタンパク質に反応するB細胞を見つけ出すものである。この場合は、出発する免疫細胞が1種類のため、確実に1種類の抗体だけを得ることができる（**モノクローナル抗体**とよぶ）。ただ、分化したB細胞の増殖性は低いので、無限増殖が可能な細胞（骨髄腫細胞など）と細胞融合させ（**ハイブリドーマ**という）、求めるB細胞を大量に得るという方法が広く用いられている。

　以上のように獲得した抗体は、抗体そのものに蛍光色素や酵素（ペルオキ

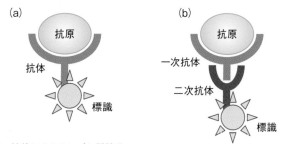

図4-6　抗体によるタンパク質検出
（a）蛍光物質など標識物質で修飾した抗体で、直接抗原を検出できる。（b）標識していない抗体（一次抗体）と抗原を反応させた後、抗体に結合する抗体（二次抗体：標識されている）を用いて、間接的に抗原を検出する。

シダーゼやアルカリホスファターゼ）を修飾し、抗体の検出に役立てられる。また、抗体の作製に用いた動物がもつ、その動物の抗体に特異的な領域を認識する抗体（**二次抗体**とよばれる）を別途準備することで、用いる抗体そのものに蛍光色素などを付加しなくてよい工夫が行われている（図4-6）。現在実験用の抗体は、分厚いカタログの本になるようなおびただしい数が市販されている。

　一般に免疫組織化学とよばれる方法では、抗体の入った反応液に組織を浸し、そのあとで抗原抗体反応していない余分な抗体を洗い流すことでタンパク質の位置を同定する。また、ウエスタンブロットという方法では、タンパク質を紙状のフィルターに吸着させ、そこに抗体を結合させることで、やはりタンパク質の有無を検出する。

4.4　個体の遺伝子を操作する方法

4.4.1　遺伝子を個体に導入する方法：トランスジェニック生物

　遺伝子を生物に導入する実験は、発生生物学を研究する上でもはや必須といってもよいだろう。生物への遺伝子導入は、ゲノムDNAへの挿入を伴う場合と伴わない場合があり、前者を**トランスジェニック生物**とよぶ。トランスジェニック生物の作出には、現在はいくつかの方法がある。

① トランスポゾンを用いた方法

　ショウジョウバエにおける発生遺伝学の進展の背景には、**トランスポゾン**という、染色体上に挿入させることができるDNA配列を用いることによって、遺伝子を比較的簡単に染色体に導入できる技術が1980年初頭に確立されたことがある。具体的には、トランスポゾン（特に**P因子**がよく使われる）の両端に存在する繰り返し配列（染色体への挿入のために必要とされるDNA配列、図4-7aの黒三角に対応）で目的の遺伝子、さらには挿入確認用のマーカー遺伝子を挟み込んだようなプラスミドDNAを準備し、**トランスポダーゼ**という、ゲノム挿入に必要なタンパク質とともにマイクロインジェクションすることで、望む遺伝子を染色体に挿入すること

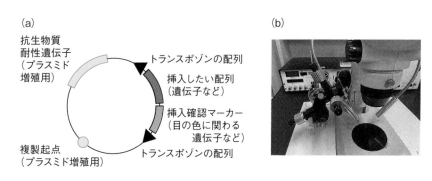

(a)

抗生物質
耐性遺伝子
（プラスミド
増殖用）

トランスポゾンの配列

挿入したい配列
（遺伝子など）

挿入確認マーカー
（目の色に関わる
遺伝子など）

トランスポゾンの配列

複製起点
（プラスミド増殖用）

(b)

図 4-7　遺伝子導入用ベクターとマイクロインジェクション
（a）ショウジョウバエ個体への遺伝子導入用ベクター。これを
転移酵素タンパク質とともに胚に注入する。(b)マイクロインジェ
クション装置の一例。

ができる。ただし、この方法では遺伝子の挿入位置を制御することはでき
ず、ゲノム上に遺伝子がランダムに挿入される。

② ウイルスベクターを用いた方法

　レトロウイルスは RNA ウイルスだが、自身の遺伝子を増やすため、逆転
写酵素でゲノム DNA を作り（前述の cDNA）、それを宿主のゲノムに挿入
する（これはトランスポゾンを用いた方法に似ている）。この現象を利用し、
望む DNA 断片をレトロウイルスのゲノムにもたせ、細胞などに感染させる
ことで、DNA を染色体上に挿入することができる。**トランスジェニック動
物**の作製の他、培養細胞への遺伝子導入はこの方法が広く用いられる。

　③ その他、胚に DNA を直接インジェクションする方法、**エレクトロポ
レーション**（DNA 溶液に胚を浸し、強い電圧をかけて DNA を細胞に導入
する）による方法など、いくつかの方法がある。また、後述するノックアウ
トマウス作製に用いられる **ES 細胞**を使う方法でも、外来遺伝子の導入は可
能である。

④ マイクロインジェクション（図 4-7b）

遺伝子は mRNA を経てタンパク質に合成される。遺伝子を単に過剰発現させればよいのであれば、遺伝子ではなく mRNA を直接注入してもタンパク質は合成されるはずである。実際ツメガエルやゼブラフィッシュでは、遺伝子そのものではなく mRNA を胚に注入する方法も広く用いられている。ただ、この場合はゲノムに遺伝子を挿入しないので、次世代に形質を引き継ぐことはできない。胚への注入には、細いガラス管をさらに熱によって細く引き延ばし、先を針のようにしたガラス針に mRNA 溶液を充填し、逆側から空気を送り込むことで、空気圧によって mRNA 溶液を排出する方法が用いられる。

4.4.2 個体がもつ遺伝子そのものを改変する方法

① 突然変異体の作出

以前は放射線照射を行うことが一般的であった。これは、ショウジョウバエなどの動物だけでなく、植物の品種改良の手段としても広く用いられた。また、様々な突然変異原（薬品）を使うこともある。エチルメタンスルホン酸（EMS と略される）を餌に混ぜ個体に摂取させると、一定頻度で染色体に突然変異が導入される。また、ニトロソグアニジンやベンゾピレンも人為的な突然変異誘発のための変異原として用いられる。

② ノックアウトマウスと ES 細胞

網羅的な突然変異スクリーニングは、特殊な実験手法を必要としない点で楽ではあるが、突然変異の責任遺伝子を調べるのが簡単ではない[※4-2]。また、変異はランダムに挿入される。そのため、狙った遺伝子だけを壊す方法が求められた。その1つとして、ここでは**ノックアウトマウス**を取り上げる（図4-8）。

[※4-2] ある突然変異体について、その責任遺伝子を調べる研究手法をフォワードジェネティクス（順遺伝学）という。逆に、ある遺伝子について、それを人為的に壊し、その表現型を研究する手法はリバースジェネティクス（逆遺伝学）とよばれる。

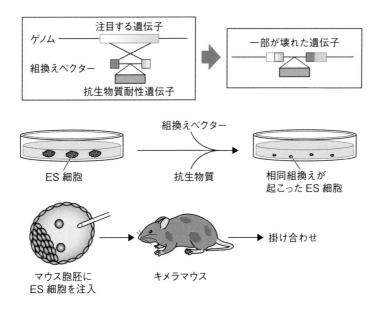

図4-8　ノックアウトマウスの作出
　　注目する遺伝子と相補的な配列（遺伝子は壊しておき、その中に抗生物質耐性
　　遺伝子を組み込んでおく）を含むベクターをES細胞に導入すると、ある確率
　　で相同組換えが起こり、細胞のゲノム配列が置き換わる。この細胞は抗生物質
　　中でも生存できるので、遺伝子が変異した細胞だけを得ることができる。これ
　　を胚に戻して発生を進めると成体になる。この成体の細胞の一部（生殖細胞を
　　含む）は遺伝子が変異しているので、他のマウスと掛け合わせることで、細胞
　　全体の遺伝子が欠損したマウスを得ることができる。

　作出に用いられるのは**胚性幹細胞（ES細胞）**である。ES細胞は、受精
胚のうち内部細胞塊（将来の体になる細胞）を取り出し、特殊な条件で培養
することで、未分化かつ多分化能を維持したまま培養が可能な細胞である
（☞10.3節）。さて次に、細胞に少し工夫をする。この細胞に、注目する遺
伝子の領域（ただし遺伝子が壊れている）を導入すると、一定の頻度で相同
組換えが起こり、結果的に細胞がもつゲノム上の注目する遺伝子が壊れた状
態になる。さらに少し工夫があり、壊れた遺伝子のところに薬剤耐性遺伝子
を挿入しておき、ES細胞を培養する培地に薬剤を入れておくと、期待する

配列が導入された（つまり遺伝子が壊れた）ES 細胞のみが生き残る。さて、この細胞をどうするかというと、マウスの受精胚に戻すのである。この受精胚から成長した成体は、遺伝子が壊れた細胞を一部もつことになる。その細胞には精子・卵子といった生殖細胞も含まれるので、その配偶子から生まれた子供（のうちの何匹か）はすべての細胞で遺伝子が壊れた状態になる（ただし通常はヘテロ）。これらをさらに掛け合わせることで、相同染色体がもつ 2 つの遺伝子が両方壊れた個体を得ることができる。

③ ノックダウン法：外から核酸を導入して遺伝子発現を抑制する

ノックアウト生物を作出するのは、かなりの手間がかかる。一方で、遺伝子の発現抑制は、なにも遺伝子そのものを破壊しなくてもできる。例えば、転写された mRNA を壊したり邪魔なものをくっつけたりすると、翻訳ができないので結果的には遺伝子を破壊したのと同様の効果を得ることができる（完全には阻害できないので、ノック「アウト」ではなくノック「ダウン」とよばれる）。遺伝子のノックダウンには **RNAi**（RNA interference）とよばれる、短い RNA 断片がよく使われる。また、**miRNA**（micro-RNA）も mRNA を切断することで、遺伝子の発現抑制に働く。さらには**モルフォリノアンチセンスオリゴ**とよばれる合成ヌクレオチドも用いられる。

④ ゲノム編集

ノックアウト生物の作製では、生殖細胞における相同組換えの効率の悪さを ES 細胞を用いることによって克服したが、一般に個体内で相同組換えをさせることは難しい。しかし、ひとたび相同組換えが起これば、そのゲノムの遺伝子には確実に変異が入り、次世代にも引き継ぐことができる。一方、RNAi などを用いて遺伝子ノックダウンを行う場合は、比較的高い効率が期待できる一方、阻害できているかどうかは 100% 確実でなく、また次世代に変異を引き継ぐことができない。**ゲノム編集技術**は、その両者のよいところをとった方法といえる。

第一世代の **ZFN**（zinc finger nucleases、ジンクフィンガーヌクレアーゼ）

発生生物学を研究するための諸技術

はDNA切断ドメインとDNA結合ドメインをもち、1つのZnフィンガー（☞ 3.3.2項）が3つの塩基を認識して周辺の2本鎖DNAを切断する。第二世代のTALEN（transcription activator-like effector nuclease）は、1つのアミノ酸が1つの塩基配列を認識できる点でZFNより使いやすいが、望む配列を切断する酵素の設計が必要となる。

　第三世代とよばれるのがCRISPR-Cas9である（もともとの背景などは省略する）。ZFNやTALENとは違い、切断特異性を生み出すのは切断タンパク質そのものではなく、ガイドRNAとよばれる数十塩基の短いRNA断片である。これがCas9タンパク質と切断複合体を作り、標的配列に結合して周辺の2本鎖DNAを切断する。この**2本鎖DNA切断**（double strand break, DSB）は重篤なゲノム変異であり、細胞は正確性よりもまずは連結を第一優先に修復を行う。このとき、単量体のヌクレオチドを連結に用いるため、もともとなかった塩基配列が挿入されることになる。これがある遺伝子のコード領域内であったとき、欠失や挿入により遺伝子が壊れることとなる。CRISPR-Cas9は変異効率が高いことから、胚への導入による高効率での変異導入が可能であり、場合によっては個体内に直接注入することも可能である。また、ガイドRNAとCas9タンパク質を胚や細胞に導入する際、手本となるDNA配列を一緒に入れると相同組換えも比較

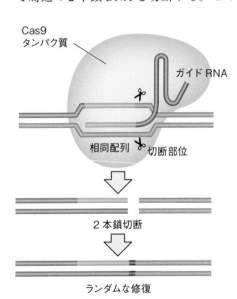

図4-9　CRISPR-Cas9システム
相同配列を含むガイド(g) RNA(赤＋青部)とCas9タンパク質をゲノムDNAに作用させると、相同配列の外側（はさみで示す部分）でゲノムDNAが切断される。この切断は2本鎖で同時に起こるため、修復はヌクレオチドをランダムに付加することで行われる（黒部）。

的高頻度で起こることが知られている。この短い挿入 DNA 配列に点変異を
あらかじめ入れておけば、望む変異をゲノムに挿入することが可能となる (図
4-9)。これが、ゲノム「編集」と言われるゆえんである。

4.4.3　ショウジョウバエにおける様々な技術

① エンハンサートラップ法

すでに述べたように、遺伝子の特異的な発現を決める重要な要素は転写調
節領域、特にエンハンサー／サイレンサーである。タンパク質がコードされ
ている領域とは違い、エンハンサーがどれなのかは、ある程度の推定はでき
るものの、塩基配列の情報だけからははっきりしない。また、エンハンサー
は制御する遺伝子から遠く離れていることもよくあるので、たとえ配列情報
からエンハンサーであると分かったとしても、どの遺伝子に対するエンハン

(a) エンハンサートラップ法

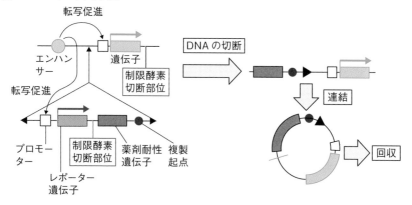

図 4-10a　ショウジョウバエにおける様々な遺伝子導入・改変法：エンハンサートラップ法
プロモーターとレポーター遺伝子をトランスポゾン由来配列で挟んだ構造をもつ DNA を
トランスポザーゼと共にハエ胚に注入すると、ある確率でゲノムにこの配列が挿入される。
得られた個体は、挿入部分付近のエンハンサーの影響を受け、レポーター遺伝子が発現
する。さらに、プラスミドの複製開始配列、薬剤耐性遺伝子が挟み込まれたようにしてお
くと、ハエ個体のゲノム DNA を回収し、制限酵素で切断、リガーゼで連結すると、ゲノ
ム DNA の一部をもつ形でプラスミドに再編成できる。このプラスミドは大腸菌で増やす
ことができ、回収が可能となる。

サーであるかを決めるのは難しい。ショウジョウバエにおいて、先述したトランスポゾンを用いたトランスジェニックハエの作製技術を応用した技術が（もう 30 年以上も前になるが）生み出された（図 4-10a）。

　レポーター遺伝子（例えば *lacZ*）とプロモーター、つまり基本転写因子が結合する配列だけをトランスポゾンでハエに導入する。もし導入した場所の近くにエンハンサーが存在すると、*lacZ* 遺伝子が、エンハンサーの影響を受ける細胞だけで発現する。この系でもう 1 つ工夫されているのは、同時に大腸菌の複製開始点と薬剤耐性マーカーも導入する点である。つまり、導入後に導入個体の染色体を制限酵素で切断し、リガーゼで環状化して大腸菌に導入すると、個体のゲノム DNA を含む断片を回収できるのである（プラスミドレスキュー法とよばれる）。これにより、大規模に染色体上のエンハンサースクリーニングが可能となった。

② Gal4-UAS システム

　エンハンサーは、時間・場所特異的に遺伝子の発現を活性化する DNA 領域であるが、遺伝子やプロモーター（基本転写因子の結合配列）の種類を選ばない場合が多い。そのため、自分が注目する遺伝子の上流にエンハンサー

(b) Gal4 - UAS システム

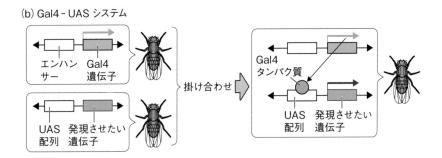

図 4-10 b　ショウジョウバエにおける様々な遺伝子導入・改変法：Gal4-UAS システム
　酵母由来の転写因子 Gal4 とその結合配列 UAS を利用した遺伝子発現系。単離したエンハンサーと Gal4 を連結してハエに導入する。一方、UAS- レポーター遺伝子の配列をもつハエを別途作り、掛け合わせると、エンハンサーが働く細胞だけでレポーター遺伝子が転写される。

を連結し、望む場所だけで遺伝子を発現させる、という実験が可能である。ここで、10種類のエンハンサーそれぞれに5種類の遺伝子を1つだけ連結し、遺伝子の異所発現を行う実験をするとしよう。その組合せは $10 \times 5 = 50$ 種類で、それらを連結してすべてをハエ個体に導入するのは非常に手間がかかる。そこで開発された方法が **Gal4-UAS システム**である（図 4-10b）。

まず、酵母の転写因子 Gal4 の上流にエンハンサーを連結し、ハエ個体に導入する。同様に、Gal4 タンパク質の結合配列 UAS の下流に遺伝子を連結し、別のハエ個体に導入する。次に、両者の個体を掛け合わせる。すると、掛け合わせて生まれた個体では、エンハンサーの働きにより合成された Gal4 タンパク質が UAS 配列に結合し、Gal4 タンパク質が存在する細胞だけで遺伝子の発現がうながされる。このとき、用意する必要があるハエ個体の種類は $5 \times 10 = 50$ ではなく、$5 + 10 = 15$ で済む。また、他の研究者が作ったエンハンサー-Gal4 をもつ個体や UAS-遺伝子をもつ個体を利用できることもメリットとなる。

③ モザイク解析

ノックアウトマウスで着目する遺伝子を欠損させる場合、個体を構成するすべての細胞でその遺伝子が壊れた状態になる。しかし、生存に必須な遺伝子をノックアウトすると、生存そのものに大きな影響がでるため、ホモ接合体を得られないことがたびたび起こる。一方、ヘテロ接合体（染色体の一方だけで遺伝子が欠損している）の場合、表現型が現れないことも多い。そこで、ヘテロ接合体の個体に放射線などを照射したり遺伝子組換え酵素を作用させたりすることにより、体の一部の細胞だけで相同組換えを起こさせホモ接合の状態を作り出す「モザイク法」という方法がショウジョウバエで開発された（図 4-10c）。これにより、様々な器官で重要な遺伝子が実際にどのような働きをしているかについて、実験データを収集することが可能になった。

4

発生生物学を研究するための諸技術

(c) モザイク解析

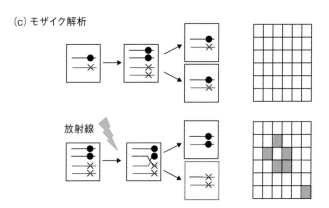

図 4-10 c　ショウジョウバエにおける様々な遺伝子導入・改変法: モザイク解析
ヘテロに変異をもつ個体を用意し、放射線や化学物質を作用させると、細胞分裂中の一部の細胞だけで組換えが起こり、その細胞は両方の染色体に変異が入った状態になる。体全体に変異が入るわけではないため、致死遺伝子の解析が可能となる。

4.5　細胞生物学的な手法

4.5.1　培養細胞とシグナル伝達機構

　発生生物学では実際に胚を用いた解析が行われるが、発生のメカニズムと切っても切り離せないシグナル伝達機構の解析は、培養細胞を用いる局面も多い。哺乳類由来の培養細胞では、高い二酸化炭素濃度、体温に近い温度条件で、特殊な培地を用いることで増殖させることが可能である（**図 4-11a**）。

　用いられる培養細胞は、研究の目的によって様々な種類がある。このような細胞をそのまま研究に用いることもあるが、多くの場合は培養細胞になんらかの遺伝子を導入し、過剰発現させることによる効果（細胞がもつ遺伝子の発現変化や注目するタンパク質の量や状態の変化）を調べる。大腸菌と同様、遺伝子はプラスミドにもたせる。導入法は、**リポフェクション**とよばれる、細胞膜に似た成分の小胞にプラスミドをもたせ、培養細胞と混合することで膜が融合して細胞内に入る、という方法が使われる（**図 4-11b**）。なお、この場合は先述のウイルスベクターを用いた遺伝子導入とは異なり、導入す

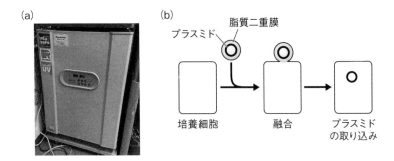

(a) ‖‖ (b) プラスミド 脂質二重膜

培養細胞　　融合　　プラスミドの取り込み

図 4-11　細胞生物学的な実験手法
（a）CO_2 インキュベーター。CO_2 濃度や温度を生体内の環境と同じにすることで、培養細胞を育てることができる。（b）リポフェクション法。脂質二重膜で包み込んだプラスミドを細胞に添加することで、プラスミドを細胞内に取り込ませることができる。

る遺伝子は細胞がもつゲノムには組み込まれない。

　少し話は異なるが、Covid-19 の感染防止の観点で接種される mRNA ワクチンは、免疫の標的となることをまぬがれる工夫がされた mRNA がリポフェクションに使われるものと似た脂質二重膜に包み込まれたものである。

4.5.2　幹　細　胞

　哺乳動物の ES 細胞は、初期胚（胞胚）のうち将来の体を構成する部分である内部細胞塊を取り出し、特殊な培地中で培養することで、未分化能を維持したまま無限増殖が可能である。もちろん ES 細胞も培養細胞の一種である。幹細胞は、発生研究のみならず、臓器再生をはじめとする細胞分化研究でも広く使われている。これらについては 10 章で詳しく説明する。

4

発生生物学を研究するための諸技術

5章 無脊椎動物の発生
：ショウジョウバエを例に

　この章から本格的に初期発生のしくみについて説明をすすめていく。本書後半の幹細胞や再生医療との関連付けを明確にするためには哺乳類の発生のみを説明すればいいのかもしれないが、マウスをはじめとする哺乳類の初期発生はかなり複雑である。発生メカニズムの基本概念を捉える上で、ショウジョウバエの研究から得られた知見が分かりやすいので、他の多くの発生生物学の教科書に倣い、特に遺伝子発現と関連付けてショウジョウバエの初期発生について説明する。

5.1　ショウジョウバエを用いた遺伝学的解析が発生生物学に果たした役割
　発生生物学の教科書の多くは、基本概念を説明した後、ショウジョウバエの発生機構の章が出てくる。ヒトがどのようにしてできるかという観点から考えると、ハエの発生なんて知ってどうする、と感じる人がいるかもしれない。しかし、動物の体がいかにしてできるかという発生の分子メカニズムについて現在分かっていることは、ショウジョウバエを用いた研究でまず明らかになったことが多い。なにより、形質と遺伝子との関係を結びつけたのは、20世紀初頭にショウジョウバエで行われた遺伝学の研究がもとになっている。
　興味深いのは、当時は遺伝子の実体がDNAであることがまだはっきりしておらず、仮想的な「遺伝子」もどこに存在するかが分からなかったにもかかわらず、ともかく様々な種類の変異体を見つけ、それら同士を掛け合わせた子の形質を調べ、メンデルの法則に合わない形質の出現頻度から染色体上における遺伝子の「組換え」という現象を見いだし、頻度の大小から（繰り返すがどこにあるかも分からない）遺伝子間の距離を明らかにした、ということである。染色体地図を作成したモーガン（Thomas Hunt Morgan）は

もちろんノーベル賞を受賞している（1933 年、ノーベル生理学・医学賞）。

　もう一点忘れてはならないのは、突然変異体そのものである。遺伝子の変異が可視化できること、そしてそれが次世代に引き継がれること、この 2 点があってこそ、突然変異体を解析するメリットがある。20 世紀後半、ショウジョウバエの染色体に人為的に変異を入れ、特定の表現型（例えば体節の数が異常になる、眼の形や翅の形が変形するなど）に着目し、似た表現型を示す突然変異体を網羅的に集めてくることにより、着目する生命現象（例えば体節が「できる」ということ）に関わるであろう遺伝子群を一網打尽に同定することができた。1990 年代以降、盛んに行われている「シグナル伝達」の研究もまた、ショウジョウバエを用いた遺伝学研究の成果の恩恵にあずかった分野の 1 つである。

　それでは、実際にショウジョウバエの研究から分かった、初期発生の分子メカニズムについて以下に説明していく。

5.2　ショウジョウバエにおける前後軸形成・背腹軸形成

　胚発生において体軸形成は、基本でありもっとも重要な胚パターニングの 1 つである。体軸は卵の方向を決める基準であり、前後軸、背腹軸、左右軸の三軸がある。これがきちんと決まることが、正しい発生には必要である。さて、体軸形成を含むショウジョウバエのごく初期のパターニングに関わる遺伝子の多くは転写因子である。受精前のパターニングだけではなく、受精後しばらく発生が進んでからも転写因子のあるなしが胚全体のパターンを決めることが多い。胚のパターンを決めるという、いわば細胞集団の色分けが、核内で働く転写因子の濃淡によって決まるのはなぜか。その答えは、ショウジョウバエの特殊な卵割様式にある。ショウジョウバエの受精卵は、受精後しばらく細胞の区切りを行わずに核の数だけを増やしていく。実際には、12 回の分裂によって核の数が約 6000 個に増え[※5-1]、その後、核は胚の表面に配列する（図 5-1）。つまり、12 回の分裂が終わるまで、それぞれの核は細胞

※5-1　このような多核の細胞はシンシチウム（合胞体）とよばれる。

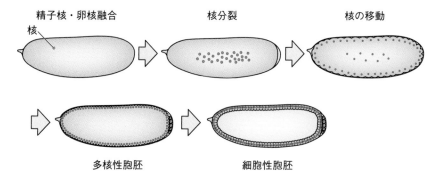

図 5-1　ショウジョウバエの卵割
受精後、まず核だけが分裂する。ある程度核の数が増えた後、核が移動して表面に整列する（多核性胞胚）。さらに、細胞膜が形成されて細胞性胞胚となる。

膜に囲まれずにいるのである。転写因子によって胚パターンを決めることができる理由はここにある。

さて、ショウジョウバエの前後軸に関わる遺伝子として、ここでは3つについて説明する。今やビコイド *bicoid*（*bcd*）**遺伝子**は高校の教科書にも登場する、有名な転写因子となった。*bicoid* 変異は、体節形成が異常なショウジョウバエの突然変異体をスクリーニングする過程で、前方部を欠いたような胚となる突然変異として見いだされた。つまり、*bicoid* は胚の前方を作り出すために必要な遺伝子である。興味深いことに、*bicoid* mRNA は、前方に多く、後方で少ないという濃度差を胚内に作りだしている。2章で触れた**モルフォゲン**である。*bicoid* 以外に前後軸に関わるのは、後方の構造を作るために必要とされる *nanos* と、前端・後端の形成に必要な *torso* である（図 5-2a）。また、前後軸形成に必要な因子として *hunchback* も知られる。*hunchback* mRNA は、*bicoid* と違い前後で大きな濃度勾配は形成していないが、翻訳の制御を受け（実は Nanos が *hunchback* の翻訳抑制を行う）、Hunchback タンパク質が後方で若干少なく、前方で多いという局在を示す（図 5-2b）。また、Caudal というタンパク質も *bicoid* による制御を受け、後方だけで局在する。後ほど、Bicoid、Hunchback、Caudal、以上3つのタンパク質が体節形成に重要な役割を果たす因子として登場する。

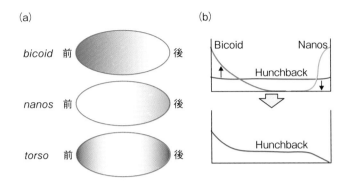

図 5-2　ショウジョウバエの前後軸形成に関わる遺伝子
（a）*bicoid*、*nanos*、*torso* mRNA の局在。（b）Hunchback タンパク質の
局在の変化。Nanos タンパク質から翻訳の影響を受け、偏りが生じる。

　ショウジョウバエの背腹軸のことは高校などではあまり触れられないが、
基本的には前後軸と同じようなしくみで決められる。*dorsal* という突然変異
体がある。"dorsal" という言葉は「背側」を意味しているが、*dorsal* 遺伝
子は胚の「腹側」を作るために必要とされる。このように混乱するネーミン
グがなされている理由は、*dorsal* 遺伝子の欠損により胚が背側化（dorsalize）
するためで、表現型にちなんでのことである。それはさておき、胚の腹側形

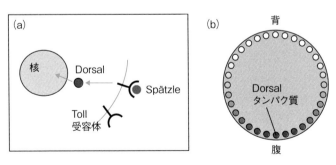

図 5-3　ショウジョウバエの背腹軸形成に関わる遺伝子
（a）Spätzle タンパク質と Toll 受容体が結合すると、Dorsal タンパク質が
活性化され核に移行する。（b）Dorsal の核移行は腹側だけで起こり、腹
側化を促進することに働く。

無脊椎動物の発生：ショウジョウバエを例に

成には Dorsal タンパク質が核内に局在することが必要であり、それを制御するのは Toll 受容体、そして Spätzle という 2 つのタンパク質である（図5-3）。Spätzle タンパク質は腹側だけで切断を受け、Toll 受容体に結合する。このリガンド - 受容体の相互作用が起こると、細胞質の Dorsal タンパク質が核に移行し、標的遺伝子（腹側を作るために必要な遺伝子）を ON にする。

　ところで、*bicoid* など母性 mRNA は受精前からすでに胚内で偏って存在する。この「偏り」は、いつどのようにして作られるのだろうか。ショウジョウバエ卵室（egg chamber）の中で、卵母細胞はいくつかのかたまりとして、いわば数珠つなぎのように形成されていく。卵母細胞が分化する過程で、細胞内では細胞骨格（特に微小管）の再構成が起こり、微小管のマイナス端（☞3章）が胚の前方に揃うように向く。これが卵母細胞の極性形成に大きな意味をもつ。例えば *bicoid* mRNA は、モータータンパク質の 1 つダイニン（☞3章）によって微小管のマイナス方向、つまり卵の前方に向けて輸送され、局在することになる。また *nanos* はアクチン - ミオシン系による輸送を介して後方に局在すると考えられている（図5-4）。

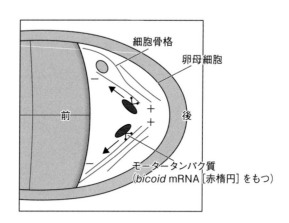

図 5-4　卵母細胞前方への *bicoid* mRNA の局在化のメカニズム
微小管が卵母細胞の前方にマイナス端を向けて伸びている（赤線）。その上を、モータータンパク質のダイニンが *bicoid* mRNA を積み荷（図の赤楕円）としてもち、マイナス端方向に運ぶ。これにより、*bicoid* mRNA は卵母細胞の前方に局在する。

5.3　前後軸に沿った体節化

前後軸が決まった胚はその後どのように体節を作り出していくのだろう
か。2章で説明したように、物質の単なる濃度勾配からきわめて「正確に」
区切りを作るのは難しいのだが、実際には体節は非常に正確に区切られる。
それはどのように行われるのだろうか。答えからいうと、正確な体節の区切
りは結局のところ、濃度勾配で行われる。完全に矛盾した答えなのだが、ポ
イントは濃度勾配の「組合せ」である。

5.3.1　ギャップ遺伝子とペアルール遺伝子

体節決定の最初のステップでは、Bicoid、Hunchback、Caudal という 3
つのタンパク質の濃度勾配が重要となる。Bicoid と Hunchback の濃度勾配
はどちらも前方で多く、後方で少ない。情報が重複していて無駄なのではと
思うかもしれないが、実はこの情報の重複により、前後での濃度差が強めら
れている。その意義は、物質により形成されることに起因する、位置情報
の揺らぎを減らすことにある。また、Hunchback の濃度勾配は *krüppel* と
いう別の遺伝子の転写を促進する。ただ、Hunchback 濃度が高すぎるとか

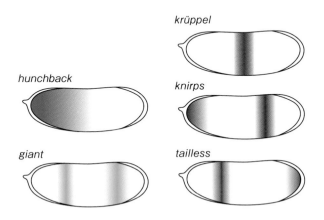

図 5-5　ギャップ遺伝子の発現領域
　胚内で Hunchback、Giant、Krüppel、Knirps、Tailless のタンパク
質がある場所をそれぞれ示す。様々なパターンで存在する。

えって *Krüppel* 遺伝子の転写が活性化されないため、結果的に Krüppel タンパク質は、胚の中央部で多く存在することになる。類似のしくみにより *knirps*、*giant*、*tailless* という別の遺伝子も場所特異的に活性化される。以上、*hunchback*、*Krüppel*、*knirps*、*giant*、*tailless* を**ギャップ遺伝子**とよび、最初の濃度勾配に従って新しく形成される二次濃度勾配の役割を果たす（発現領域を図 5-5 に示す）。

　これら 5 種類の濃度勾配から新たに生み出されるのが、いよいよショウジョウバエらしいストライプのパターンである。ショウジョウバエの体節は 14 本（＋前端と後端）で構成される（**図 5-6a**）。この 14 本は、「1 つ飛ばし」の 7 本のパターンが 2 種類、ずれて組み合わさることで 14 の体節となる。そのため、これらの遺伝子を**ペアルール遺伝子**とよぶ。ペアルール遺伝子はいくつの種類があるが、ここでは単純化するために代表的な 2 つの遺伝子、*even-skipped*（*eve*）遺伝子と *fushi-tarazu*（*ftz*）遺伝子を取り上げる。両者は相補的な発現パターンを示し（**図 5-6b**）、体節のもっとも基本的な位置情報となる。これらの遺伝子が欠損した突然変異体では、体節の数が半分になる。

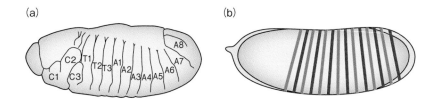

図 5-6　ショウジョウバエの体節とペアルール遺伝子
　（a）ショウジョウバエの体節構造。C1-C3 は頭部、T1-T3 は胸部、A1-A8 は腹部、合計 14 の体節からなる。（b）ペアルール遺伝子の発現。赤は *even-skipped*（*eve*）、黒は *fushi-tarazu*（*ftz*）の発現領域を示す。

　では、ギャップ遺伝子の濃度勾配は、ペアルール遺伝子の発現場所をどのようにして決めるのだろう。ポイントは、上述のとおり、ギャップ遺伝子がすべて転写因子をコードしている点にある。ペアルール遺伝子がもつ

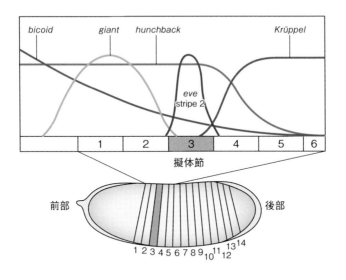

図 5-7　*eve* 遺伝子の 2 番目のストライプの発現機構
Bicoid と Hunchback タンパク質があり、Krüppel と Giant タンパク質のない部分（3 番目の擬体節部（後述））で *even-skipped*（*eve*）遺伝子が発現し、2 番目の *eve* のストライプが作り出される。

転写調節領域に、ギャップタンパク質が直接結合する。図を見ると、ペアルール遺伝子のストライプ状の発現は 1 本 1 本みな同じように見えるが、実は転写調節領域は、1 本 1 本のストライプごとに準備されている。ここで、*eve* 遺伝子の前から 2 番目のストライプの発現がどのように実現しているかを見てみよう（図 5-7）。*eve* 遺伝子の 2 番目のストライプは、体節としては 3 番目の位置を規定する。前方に位置することになるが、この位置でギャップ遺伝子の発現（＝タンパク質の局在）はどのようになっているだろう。Hunchback：たくさんある、Giant：ない、Krüppel：ない、Bicoid：少しある、以上の条件を満たす場所はどこか、というと、この図の中では 1 か所、すなわち 3 番目の位置しかない。そこで *eve* 遺伝子の 2 番目の縞の発現パターンが作られる（つまり *eve* 遺伝子がその場所で転写する）。このような調節が、7 本の体節すべてについて行われていると考えられている。

5.3.2　セグメントポラリティー遺伝子

以上のように、14 の体節が *eve* や *ftz* をはじめとするペアルール遺伝子の発現のあるなしによって決められた。次に、それぞれの体節の個性付けを行う前に、14 の体節はもう少しだけ細かい情報が付与される。具体的には、おおよそ 3 〜 4 細胞分の幅をもつ各体節のうち、どの細胞がセグメントの「前」であるか、あるいは「後ろ」であるかが決められる。セグメントポラリティー遺伝子としては *engrailed*、*hedgehog*、*patched*、*wingless* など様々な遺伝子が知られていて、それぞれの遺伝子が、各体節の一部だけで発現する（*wingless* と *engrailed* の例を図 5-8 に示す）。ちなみに、*wingless* 遺伝子から翻訳されたタンパク質は 3 章（☞ コラム 3-1 ③）で出てきた Wnt シグナリングのリガンド、Wnt タンパク質と同じものである。

ここで、少し面倒だが避けることができないことを説明する。幼虫を外から見ると、節足動物らしく体節がはっきりと見て取れる。この体節と、先に説明したペアルール遺伝子の発現で規定される 14 の体節は、実は一致していない（図 5-8）。具体的には、*eve*、*ftz* によって作られる体節の境界から半分〜 3 分の 1 程度後ろにずれた部分に本当の体節（くびれ）ができる。そのため、例えば *engrailed* の発現領域は、単に体節の前後方向を決めるのみな

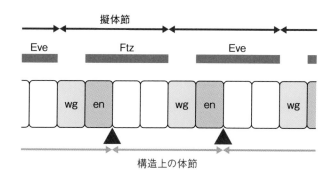

図 5-8　擬体節と構造上の体節との対応関係
擬体節は *eve*、*ftz* 遺伝子の発現領域で決められるが、実際の体節の区切りは別の場所に作られる（▲）。wg は *wingless*、en は *engrailed* が発現する細胞であることを示す。

らず、最終的な体節の位置を決める上でも重要となる。

　体節の区切りを決めたらすぐに各体節の個性付けをすればいいのだが、その前段階で体節の極性や体節の部分領域（区画 compartment という）をなぜ決めなければならないのか。1つの理由は、すべての体節共通な特徴をもたせるためである。その1つが、各体節の前方部分にみえる「ギザギザ」（歯状突起 denticle）である（図 5-9）。これは、幼虫が前に進むときの滑り止めの役割をはたすので、1つの体節だけに作るのではなく、すべての体節に共通に作り出した方がよい。1980 年代、体節全体に歯状突起が見られる突然変異体のスクリーニング（☞ 4 章参照）が行われ、様々な種類の変異体が単離された。これだけを聞くと、小動物のギザギザの作られ方を調べる研究なんて……と思う方がいるかもしれないが、ここで明らかになった遺伝子群は、後に hedgehog シグナリング、あるいは Wnt シグナリングの構成因子として認知されることになる。これらはヒトの発生においても様々な重要な

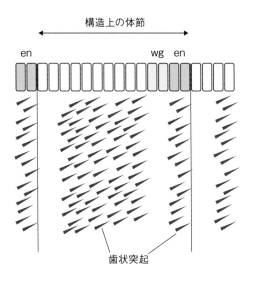

図 5-9　幼虫の歯状突起とセグメントポラリティー遺伝子の発現との位置関係
wg 発現領域と、en 発現領域の横（wg 発現の逆側）では歯状突起が形成されない。このようにして歯状突起の繰り返しパターンが作られる。

役割を果たすものである。

5.4　体節の個性付け：ホメオティック遺伝子

　ここでようやく、各体節の個性付けがはじまる。つまり、脚が出てくる体節、翅ができる体節、頭になる体節を決める、といったことである。これも例によって遺伝子発現の有無がポイントとなる。ここまでで、ギャップ遺伝子の多様な発現パターン（図 5-5）は「体節」という繰り返しパターンに置き換えられたわけだが、ここでそれまでの情報が完全に失われてしまうと、体節の個性付与ができない。ギャップ遺伝子やペアルール遺伝子の影響はこの時点でもまだ残っていて、それぞれの体節の個性決定にもこれらの遺伝子の発現の有無が関わる。

　さて、ギャップ遺伝子やペアルール遺伝子によって制御されるのが、高校の教科書にも登場する**ホメオティック遺伝子**である。ホメオティック遺伝子はもともと、ホメオティック変異とよばれる、体節の特徴が変化する変異の原因遺伝子として知られていた。触角が脚に変化するアンテナペディア変異、翅が 2 対生じたバイソラックス変異はその代表的な例である。ホメオティック遺伝子は、ある染色体領域にかたまって存在している。これらは**アンテナペディア複合体**（antennapedia complex, ANT-C）と**バイソラックス複合体**（bithorax complex, BX-C）とよばれる（図 5-10a）。興味深いのは、これらの遺伝子の染色体上での並びが、各遺伝子の発現場所（と個性決定に必要とされる体節の位置）の順序と一致している点である。この理由は今なお議論中で、完全な答えは得られていない。なぜならば、先述したようにホメオティック遺伝子の発現はエンハンサーによって規定されており、そうであれば発現場所の順番に遺伝子が並んでいる必要がないからである。このような遺伝子の並びは、ショウジョウバエだけでなく哺乳類を含む脊椎動物、さらには他の動物でも数の違いはあれど共通に見いだされる。例えばマウスにおいては、Hox 遺伝子群とよばれる類似の遺伝子の並びが 4 つ見いだされ、遺伝子の並びに対応して数字が順についている（図 5-10b）。マウスにおいても、この並びが前後軸に沿った発現領域の位置とおおむね一致している。

(a)

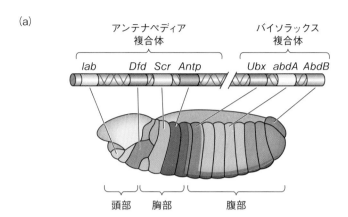

(b)

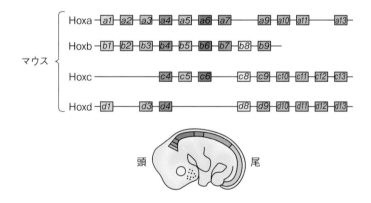

図 5-10　ホメオティック遺伝子の並びと発現パターン
（a）ショウジョウバエにおけるホメオティック遺伝子群。染色体上にアンテ
ナペディア複合体を構成する *labial*（*lab*）・*Deformed*（*Dfd*）・*Sex comb
reduced*（*Scr*）・*Antennapedia*（*Antp*）、バイソラックス複合体を構成する
Urtrabithorax（*Ubx*）・*abdominalA*（*abdA*）・*AbdominalB*（*AbdB*）　が、
発現領域と対応するように並んでいる。
（b）マウスにおける Hox 遺伝子群。Hoxa、Hoxb、Hoxc、Hoxd 遺伝子群（そ
れぞれ染色体上の別々の場所にある）に属する Hox 遺伝子が 1 から 13 の順
に、やはりマウスでの発現場所と対応するように並んでいる。

5

無脊椎動物の発生：ショウジョウバエを例に

コラム 5-1：ホメオティック遺伝子とボディパターン決定との関係

　1970 年代において、体節の個性付けにホメオティック遺伝子が関わるということはなんとなく理解できていたが、具体的な体節の個性付けのメカニズムはよく分かっていなかった。

　1978 年、発生生物学の潮流を大きく動かすことになる論文が発表された。エドワード・ルイス（Edward Lewis）は、ホメオティック変異をホモ接合にしたりヘテロ接合にしたり、あるいは複数の変異を同時にもたせたりしたときに現れる表現型の強さを全体的に並べることにより、ホメオティック遺伝子はそれぞれ関係する体節で機能しており、それらの発現量の強弱によって体節の個性付けがなされているのではないか、と提唱した。今、この話を聞けばそりゃそうでしょうとなるが、この説を唱えたことの「すごさ」を理解する上では 2 つの観点がある。1 つは、ホメオティック遺伝子の実態（= 遺伝子の配列）が分かっていなかったこと。もう 1 つは、それらの発現領域がまったく不明だったことである。つまり、各体節でそれぞれのホメオティック遺伝子が発現していることが分かっていなかったにもかかわらず、表現型の強度だけでこのことを推定したのである。ルイスの考え方は、「遺伝子は胚の形をどのように決めているのか」という発生学の根幹ともいえる問いに答えたといってよい。ルイスはこの業績が認められ、1995 年ノーベル生理学・医学賞を受賞した。

5.5　体節決定のまとめ

　以上説明してきたように、ショウジョウバエではまず前後軸・背腹軸が決められ、その後すぐに体節のくぎりが決められていく。いくつかのギャップタンパク質の濃度勾配が他のタンパク質の濃度勾配を決め、ペアルール遺伝子のストライプ状の発現パターンを生み出す。これにより 14 の体節の位置が決められる。さらに、体節の前後区画がセグメントポラリティー遺伝子によって規定され、最後におのおのの体節の個性がホメオティック遺伝子によって決められる。脊椎動物との相違点も少なくないが、これまでに述べてきたとおり、ショウジョウバエのボディパターン決定機構の概念そのもの

（例えばタンパク質の濃度勾配で領域が決められることなど）は脊椎動物の
それにも当てはめることができ、初期発生を理解する上では必須の項目であ
る。幹細胞を使った臓器分化の手法も添加薬剤の濃度とタイミングが重要で
あり、やはり発想は同じなのである。

5

無脊椎動物の発生：ショウジョウバエを例に

6章 体軸決定と三胚葉形成

この章では、脊椎動物の初期発生の最初のステップである体軸・三胚葉形成について、カエルの胚を題材にして説明を進める。基本的にはショウジョウバエと同様、まず胚の体軸決定があり、そのあと各領域が決められていくが、大きな違いは体節といった胚の大きな区切りを最初に行わない点である。実際私たちヒトの体も、完全な体節構造とはなっていない。その代わり、三胚葉形成は、ショウジョウバエよりもボディパターン形成において重要な位置を占める。すでに説明したように、ショウジョウバエは受精後しばらくの間、核だけを増やし細胞膜によって細胞に区切らないため、胚パターーニングに転写因子を用いることができるが、脊椎動物の場合は卵割によってそれぞれの割球が細胞膜で区切られるため、転写因子ではなく別のしくみが必要となる。

このように、ショウジョウバエと脊椎動物では前提条件がいくつか違っているが、そのような中、体を確実に作り上げる最初のステップである体軸や三胚葉はどのようにして形成されていくのか。この章ではなるべく説明を単純化するため、体軸形成に関して多くの研究結果があるアフリカツメガエルについて主に見ていき、他の脊椎動物（ゼブラフィッシュ、マウス、ニワトリなど）についても触れる。

6.1 カエルにおける背腹軸形成

体軸形成についてもカエルの胚はショウジョウバエと少し異なっていて、受精前には3つの体軸が決められていない。前後軸はおおむね動物極と植物極（これらは受精前に決められている）を結んだ方向ではあるが、実際には完全には一致しておらず、胚のどの部分に頭を作るかということ、つまり前後軸の決定は、受精後しばらく時間が経ってからである。

6.1.1 動物半球と植物半球

先ほど説明したように、動物極と植物極は受精前から決まっている。カエルの卵は卵黄顆粒とよばれる、脂質を含む小胞が卵内に多数存在するが、卵黄顆粒は細胞質基質に比べて重いので植物極側（つまり重力に対して下方部分）に多く存在する（このような卵は端黄卵とよばれる）。また、卵成熟の過程で母性 mRNA も卵の中に偏って存在するようになる。それらのうち、後のパターン形成に重要となるのが Vg1、VegT である。ただ、これらの偏りは重力によって生み出されるのではなく、ショウジョウバエの bicoid と同様、モータータンパク質による輸送によって作り出される。もう1つ体軸形成に必要な母性因子として *wnt11*（mRNA）と Dishevelled（タンパク質）がある（後ほど詳しく説明する）。これも、受精前には植物極側に局在する（図 6-1）。

図 6-1　カエル卵に存在する母性因子
図に示すようないくつかの種類の mRNA が、卵の植物半球に偏って存在している。

6.1.2 背腹軸の決定

次に、胚のどちらが背側になりどちらが腹側になるか、つまり背腹軸について説明する。背腹軸は、受精前にはまったく決定されていない。カエルにおいて背腹軸を決める重要な要素は、受精時に精子が進入する位置である。ツメガエルの卵では、個体ごとに例外もあるようだが、精子はおおむね動物半球の動物極に近い場所から卵に進入する（図 6-2a）。しかし、その位置は決まっていない。さて、この精子進入点はどのようにして背腹の向きを決めるのだろうか。精子が卵に進入すると、いわゆる**カルシウムウェーブ**とよばれる、精子進入点を起点とするカルシウムイオンの濃度上昇の伝播が卵のなかで起こり、胚発生がスタートする（☞ 3.5 節）。受精後、精子進入点と逆側の表層で微小管の集合がみられるようになり、これがキネシンと相互作用

6

体軸決定と三胚葉形成

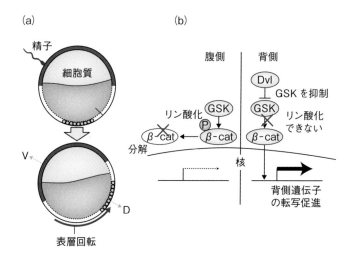

図 6-2　カエル胚における背側決定機構
　(a) 表層回転。受精後、植物極が精子の進入位置と逆に向かうよう、胚の表層
部分が回転する。移動した植物極側が将来の背側になる。(b) 背側決定の分子メ
カニズム。カエル胚では Wnt シグナリング（3 章）が関わる。胚の腹側半分では、
GSK3β（GSK）タンパク質の働きによりβカテニン（β-cat）タンパク質がリン酸化され、
プロテオソームにより分解される。一方、胚の背側半分では、Dishevelled（Dvl）タ
ンパク質が GSK の働きを阻害するためβ-cat はリン酸化されず、分解を免れて核内
に移行し、背側遺伝子の転写を促進する。

することで、胚の表面部分だけが植物極から精子進入点の逆側に向けて移動
する。これを**表層回転**（cortical rotation）とよぶ（図 6-2a）。このしくみを
使って表層回転を起こすためには微小管の極性（どちらが＋端を向くか）が
重要であるが、最近の研究からその配向性を決めるしくみも明らかになりつ
つある。

　さて、表層回転によって表層とともに様々な母性因子が移動するが、その
中にはディシェベルド（Disheveled）タンパク質が含まれる。2 章でも触れ
たように、Disheveled は Wnt シグナル経路に関わる細胞内因子で、ここで
は表層回転によって植物極側から胚の側方に移動する。その場所でβカテニ
ンのリン酸化を阻害して分解を抑制する。その結果βカテニンは核内に移
動し、後述するオーガナイザーの誘導に必要な遺伝子、例えば *siamois* 遺伝

子の発現を ON にする（図 6-2b）。表層回転によって移動する因子が背側の決定に重要であることは、実験によっても示されている。受精直後の卵の植物半球に紫外線を照射すると、その後の発生で背側がまったく形成されず丸いままの卵になるが、dishevelled を UV 照射胚の帯域の一部に注入すると、背側が形成される。ただ、いわゆる胚の背側を決定するおおもとの因子（背側決定因子）が dishevelled であるかどうかは、その上流のタンパク質の寄与が否定されていないため、未だ議論の余地がある（dishevelled の上流で機能する Wnt11 も有力な候補であるが、細胞外で機能するタンパク質が胚の中でどのように背側決定に働くか、さらなる検証が必要であるように思われる）。

6.1.3　ニワトリ・マウスにおける体軸決定

　一般に羊膜類の胚は、魚類・両生類とも体軸決定機構が少し違うようである。その理由は、胚が単独で成長するか、卵殻に囲まれて成長するか、あるいは子宮に埋まったように、つまり母胎からの影響を受けて成長するか、の違いによるのかもしれない。

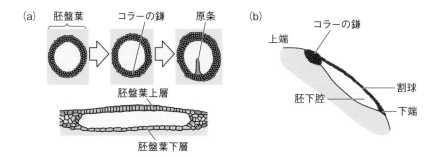

図 6-3　ニワトリの体軸決定
（a）ニワトリの体軸決定。胚盤葉の一部が盛り上がりコラーの鎌を形成する。その部分から前方に向けて原条が形成される。これが前後軸となる。また胚盤葉を輪切りにすると、上層と下層が見える。上層側が背側となる。（b）コラーの鎌の形成位置は重力と関係があり、卵管通過時、胚盤葉が重力に対して上を向いた部分に形成される。

　ニワトリ胚は、受精後卵黄の表面にあるごく小さい領域で卵割を繰り返し、直径数ミリの円盤状構造（胚盤葉）が形成される（図 6-3a）。このとき、カエルの胞胚同様、胚盤葉には内腔ができる。体は内腔に対して卵黄とは逆側だけにでき（胚盤葉上層）、下側は胚体外構造になる。やがて胚盤葉上層の端が一部だけ盛り上がり（**コラーの鎌**とよばれる）、これが体の将来の後端となる。さらにこの盛り上がりが起点となり、胚盤葉上層の中央部に溝が形成される。これが**原条**である。原条の形成の詳細については 8 章に譲るが、この原条の向きが前後軸といってよい。コラーの鎌はカエルにおけるオーガナイザーのような働きがあり、実際に盛り上がり部を胚盤葉の別の場所に移植すると、異所的に原条が形成される（なお背腹軸は、胚盤葉の上層－下層の向きとなる（上層側が背側）。興味深いのは、上記の胚盤葉上層の盛り上がりの場所は重力によって決定される。具体的には、卵が卵管を通過するとき、とがった方を前に向け回転しながら進んでいくが、このとき胚盤葉が重力方向に対して上を向いた方が尾部になる（図 6-3b）。つまり、コラーの鎌は卵管通過時の胚盤葉の鉛直上側に形成される。

　マウス胚はもっと複雑で、最初に前後軸の方向を決める要素は現在のところはっきりしていない。少なくとも、着床以前の胚においては、前後軸・背腹軸ともに決まっていないと考えるのが妥当であろう。というのは、着床前の胚からどの細胞を除去しても発生が正常に進むからである。マウス胚の卵割が進み、やがてカエル胚の胞胚にあたる胚盤胞まで発生が進むと、胚の中には大きな空洞ができ、その上端内部に内部細胞塊という一群の細胞集団ができる（図 6-4a）。内部細胞塊はさらにエピブラストと原始内胚葉になり、着床後に両者は胞胚腔に押し出されるように伸長し、U 字の形態をとるようになる。エピブラストの外側には原始内胚葉由来の臓側内胚葉が位置しており、このうち U 字の一番端の部分がエピブラストからのシグナル（シグナルの実体は nodal である）を受け取って**遠位臓側内胚葉（DVE）**となる。さて、DVE は、発生が進むと一方にずれ始める。すると、このずれた DVE（ここで**前方臓側内胚葉、AVE** と名前がかわる）から一番遠いエピブラストのところに原条が形成される。ここで、ようやくマウスの胚は前後方向が決まる

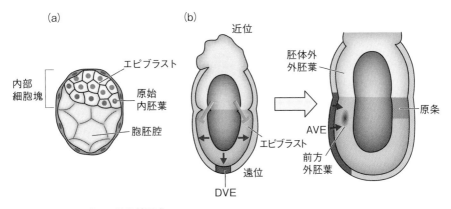

図 6-4　マウスの前後軸形成
（a）胚盤胞の内部には内部細胞塊ができ、内部細胞塊はその後エピブラストと原始内胚葉に区別される。（b）エピブラストと原始内胚葉は細長く変形し、その遠位側（図の下側）に DVE ができる。その後、DVE は側方に移動して AVE となり、エピブラストに作用して頭部を形成する。一方、AVE の逆側、胚体外外胚葉とエピブラストの境界に原条が形成される（これが胚の後端部となる）。

（図 6-4b）。ここで疑問に思われるのは、DVE の移動方向がどのように決められるのかということであるが、現在のところその答えは分かっていない。

6.1.4　左右軸の決定について

　前後軸と背腹軸が決まれば自ずと左右軸が決まる。しかしそれは左と右の違いを生み出すことにはつながらない。分かりやすい例は心臓の位置で、中心よりずれる位置に心臓を配置するためには、それなりのしくみが必要である。最初に対称性をなくす機構は十分に理解されていないが、マウスにおいて、一過的に作られる繊毛細胞の集団が胚内の袋状構造にたまる液に対する流れを作り（**Nodal フロー**とよばれる）、それが左右の非対称性を生み出すことが知られている（**図 6-5a**）。

　また、「左側」を決めることに重要な遺伝子のいくつかが知られている。その1つが *Nodal* 遺伝子である。Nodal はマウス・ニワトリの左側側板中胚葉で発現し、*Nodal* 遺伝子が欠損したマウスでは、心臓のループ方向がランダム化したり、心臓－血管の融合が逆転するなど、左右性喪失に起因する様々

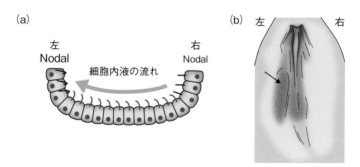

図 6-5　左右軸の形成機構
　（a）マウスにおける、繊毛による細胞内液の流れ（Nodal フロー：矢印）と *Nodal* 遺伝子の発現の偏り（図の左側で多く発現している）。青は中心運動性繊毛、赤は周辺非運動性繊毛。（b）ニワトリにおける *Nodal* 遺伝子の発現パターン（矢印）。

な表現型が生じる（図 6-5b）。

6.2　三胚葉の形成

6.2.1　三胚葉の分類

　三胚葉の誘導は、体軸の決定後、あるいは体軸の決定と並行して起こる胚パターーニングである。動物の多くは 3 つの胚葉である内胚葉・中胚葉・外胚葉をもっていて、それらが受精後しばらくすると形成される。まず、三胚葉が最終的にどのような器官に分化するかを概説する。内胚葉は、将来の消化管およびそれらの付随器官となる。中胚葉は、循環器・泌尿器・筋組織など

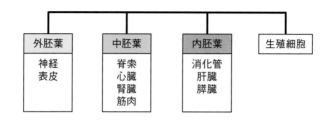

図 6-6　三胚葉から派生する器官の種類
　外胚葉・中胚葉・内胚葉と生殖細胞、それぞれから分化する器官のうち代表的なものを示す。

に、外胚葉は神経系・表皮などにそれぞれ分化する（図 6-6）。このように、私たち人間も含む脊椎動物がもつ器官や臓器は、受精後比較的早い段階でそれらの由来が決められる。

　先ほど母性 mRNA として登場した *VegT* と *Vg1* であるが、これらの働きは何だろうか。その 1 つは内胚葉分化への関与である。植物極側に局在するこれらの遺伝子（mRNA）は、受精後に翻訳されてタンパク質となり、胞胚期以降に内胚葉の分化をうながす。ここでツメガエル胚における重要な事項がある。ツメガエル胚では、受精後から中期胞胚期まで、多くの遺伝子の転写は抑制された状態となる。これを**中期胞胚遷移**（mid blastula transition, **MBT** と略する）という。これは、受精後ある一定の細胞数に割球が増えるまで細胞周期をすみやかに進めるため、他の遺伝子の転写を行わないようにするためと考えられる。

6.2.2　中胚葉は誘導によって規定される

　三胚葉はすべて最初から決められるかというとそうではない。内胚葉と外胚葉は受精前からおおよそどの部分にできるかが決められている。この理由は前述した *VegT*、*Vg1* mRNA が胚の植物半球に蓄積されたまま卵割を繰り返し（その結果植物半球それぞれの細胞が VegT や Vg1 を含むことになる）、その部分が自律的に内胚葉に分化されるからである。一方、外胚葉はこの時点では多分化能を有しており、正確には「何にもなっていない」状態であるが、そのまま他からの影響を受けないままであれば、結果的に外胚葉になる。では、残る中胚葉はどのようにしてできるのだろうか。答えは、内胚葉と外胚葉が相互作用することで新たに作り出される。これが中胚葉「誘導」と言われる根拠である（誘導については 2 章参照）。中胚葉誘導については、有名な組合せ実験がある（図 6-7）。胞胚期において、将来中胚葉になると予想される部分を取り除き、予定外胚葉と予定内胚葉を別々に培養すると、前者は表皮、後者は未分化な内胚葉性組織となる。一方、両者を組合せて培養したときにはどのようになるだろう。予想では、内胚葉性組織と外胚葉性組織がそのままでき、取り除いた中胚葉性組織はできないはずだが、

6

体軸決定と三胚葉形成

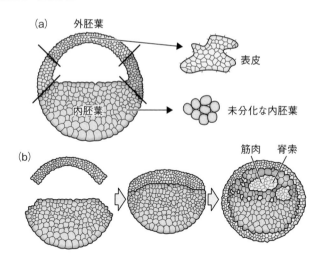

図 6-7　外胚葉と内胚葉の組合せ実験
（a）外胚葉（青）と内胚葉（グレー）を別々に培養する
と、それぞれ表皮と未分化な内胚葉性組織になる。（b）
外胚葉と内胚葉をくっつけて培養すると、内胚葉性・外
胚葉性の組織に加え、筋肉や脊索など中胚葉性の組織
も作られる。

実際には中胚葉性組織もみられる。この結果から、中胚葉は最初からどの部
分になるかが決められているのではなく、受精後新たに作り出されるという
ことが分かる。ここで重要なのは、外胚葉、内胚葉のどちらに中胚葉ができ
るかという点である。先ほどの実験をよく見ると、外胚葉の細胞が中胚葉に
なっていることが分かる。つまり中胚葉は、内胚葉から何らかの刺激を受け、
外胚葉からできると考えられる。

　2章でも説明した予定運命図は、もちろんカエルだけでなく他の脊椎動物
（のモデル生物）でもほぼ同じ手法で作られている。ここでは、ゼブラフィッ
シュ、ニワトリ、マウスの予定運命図を示す。ざっと見ると、4者で比較的
類似性が高いことが分かる。さらに見ると、ゼブラフィッシュとカエル、ニ
ワトリとマウスの相同性が高いように見える（図6-8）。

　中胚葉を誘導する物質はなにかという問題は、上記の組合せ実験が行わ

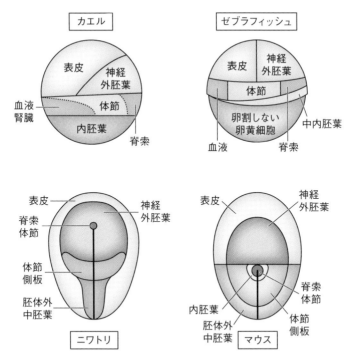

図 6-8　4 種の脊椎動物の予定運命図
カエル（2 章も参照）、ゼブラフィッシュ、ニワトリ、マウスの予定
運命図を示す。青は外胚葉、赤は中胚葉、グレーは内胚葉であ
ることを示す。

れてから全世界で探索が行われたが、発見は簡単ではなかった。例えば中
胚葉を誘導できるタンパク質として **FGF**（**繊維芽細胞成長因子**：<u>f</u>ibroblast
<u>g</u>rowth <u>f</u>actor）が見つかってはいたが、背側中胚葉（将来のオーガナイザー
領域）を外胚葉から誘導することはできなかった。一方、アクチビンは背側・
腹側双方の中胚葉を誘導する活性をもつタンパク質であることが 1989 年に
明らかになった。現在、実際にカエルの胚において中胚葉化を担うタンパ
ク質はアクチビンとともに TGF-β スーパーファミリーに属し、同じ受容体
を使うシグナル分子である**ノーダル関連因子**（*nodal-related*［Xnr］、後述）
であることが分かっている。前述した VegT や Vg1 は間接的には中胚葉誘

導を担うが、自らは内胚葉分化の役割を果たすことから、中胚葉誘導因子とは言わない。

6.2.3　シグナルセンターとオーガナイザー形成

6.1.2 項で説明したとおり、胚の背側で β カテニンが局在し、その結果 Wnt シグナルが活性化された場所ではオーガナイザー誘導に必要な *siamois* 遺伝子が発現する。*siamois* が発現する場所は、**シグナルセンター**[※6-1] とよばれ、その後のオーガナイザーの形成に重要となる。さて、オーガナイザーの形成までには、*siamois* の発現以外に必要なシグナルがある。その 1 つはすでに登場した、植物極側に存在する VegT である。植物極側にある VegT、背側で発現する *siamois*、これら両方の働きによって、胚の帯域（赤道付近の帯状の領域）でノーダル関連遺伝子（*Xnr*）が発現する。*Xnr* 遺伝子は、MBT（前述）以降すみやかに転写され、帯域を中胚葉にするが、発現量は背側帯域の方が強く、それがオーガナイザーの形成に重要な役割を果たす。オーガナイザー遺伝子として知られる *chordin* 遺伝子や *noggin* 遺伝子、*goosecoid* 遺伝子は siamois、Xnr 両方の働きによって転写が促進されてオーガナイザーの形成に寄与するとされている（図 6-9）。

6.2.4　腹側中胚葉の形成

オーガナイザーとなる中胚葉は以上のように背側中胚葉であるが、中胚葉にはもちろん腹側中胚葉も存在する。上述の Xnr は細胞外で働くリガンドであり、強弱はあるが帯域に広がって存在する。中程度に Xnr が存在する場所は、腹側中胚葉となる。帯域では、Wnt8 の発現がみられる。Wnt もリガンドであり、ここまでは（中胚葉）領域の規定に分泌因子が用いられる。その後、原腸胚期の直前には、中胚葉となる細胞全体（背側も含む）で *brachyury*（ブラキュリー）という転写因子をコードする遺伝子が発現する。

※ 6-1　発生学の教科書では**ニューコープセンター**とよばれる。ただ、ニューコープセンターとオーガナイザーの関係などについて議論の余地があるため、ここではシグナルセンターとしておく。

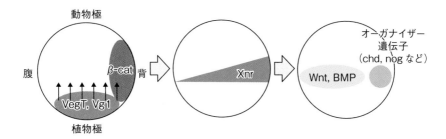

図 6-9　オーガナイザー形成の分子機構
植物極からは VegT、Vg1 が動物極側に分泌される。一方、背側では β カテニン（β-cat）が核内に移動する(6.1.2 項)。この両者の働きでノーダル関連遺伝子(*Xnr*)が発現する。*Xnr* の濃淡に従って、濃い部分では *chordin*（*chd*）や *noggin*（*nog*）などのオーガナイザー遺伝子が、中～低濃度の部分では *Wnt* や *BMP* 遺伝子が発現する。

brachyury は、上記の様々なタンパク質の働きの結果、中胚葉細胞を規定する重要な遺伝子といえる。

　以上、中胚葉の誘導についてカエル胚を中心に詳しく見てきた。ショウジョウバエと違い、体節という明確な区切りを作らない分、様々なタンパク質（分泌因子であれ転写因子であれ）が複雑に関わりあい、領域規定が進む。実は、その結果できたのはせいぜい内胚葉、背側中胚葉、腹側中胚葉、そして外胚葉という 4 領域だけであるが、同時にその後行われる原腸形成（☞ 8 章）のための分子的な準備を行っていると考えれば、複雑さの妥当性に納得できるかもしれない。

6

体軸決定と三胚葉形成

7章 神経誘導
：脳と神経のはじまり

　ここまでショウジョウバエ、カエルの胚を中心に、胚パターニングの基本について説明してきた。胚パターンが決められたあと、あるいはそれと並行して原腸形成（8章で詳述）が起こり、三胚葉が再配置される。さて、ここで重要なイベントがある。それは神経誘導である。神経誘導のしくみは脊椎動物の間でも少し異なっているが、ここでもまずはカエル胚を取り上げ、他の脊椎動物胚の例も示しながら、神経誘導と神経発生について説明したい。

7.1　神経領域と表皮領域

　外胚葉は大きく**表皮**と**神経**に分けることができる（☞ 2章）。これは脊椎動物に共通である。この節の説明を進める前に、まずは神経のことに触れる。「神経」というと、多くの人は体中に張り巡らされた神経繊維、あるいは脳に含まれる数多くの脳神経を想像する。これらはどのようにできるのだろうか。神経の起源を胚発生の最初までたどると、初期胚に存在する、ある大きな1つの領域にたどり着く。つまり、初期発生において最初にできる神経とは、細い繊維状構造ではなく細胞の集団であることに注意が必要である。

　さて神経と表皮は、外胚葉からどのようにして区分けされるのだろうか。胞胚期に外胚葉を切り出してそのまま培養すると、どの部分を切り出してきても外胚葉片は全部表皮になってしまい、神経にはならない。つまり、神経領域は誘導によって作り出されることが想像される。シュペーマンの原口背唇部の移植実験は、体づくりのセンターの発見として捉えられることが多い。もちろんその側面もあるが、オーガナイザーの主な働きは、胚の前後方向を決めること、そして神経を誘導することにある。これらのことが同時に起こるため、オーガナイザーを移植すると、体が2つできるという表向きの表現

型が結果的に現れる。

7.2 神経が胚に作られるしくみ

後述するように、中胚葉と外胚葉は原腸形成によって胚の正中線に沿って接触した形をとる（図7-1）。この潜り込んだ中胚葉の、さらに正中線付近の部分が**中軸中胚葉**、すなわち**オーガナイザー**である。そして、オーガナイザーと接触した外胚葉が**神経**となる、というのが神経「誘導」といわれるゆえんである。

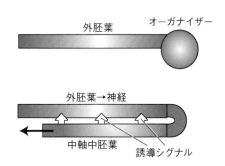

図7-1　胚における神経誘導の概念
　図の上側は胚の外側、右側が植物極側を示す。外胚葉の植物極側（原口背唇部に相当）にオーガナイザーが形成されるが、これは外胚葉の下側に潜り込んでいく。潜り込んだオーガナイザー（中軸中胚葉）が外胚葉にシグナル分子を分泌すると、その部分が神経に誘導される。正中線に沿った、このような外胚葉—中胚葉の配置が、前後軸に沿った神経の形成に重要である。

では、中胚葉が接触した外胚葉はなぜ神経領域になるのか。その前に重要なことは、すでに記述した「外胚葉片はそのまま培養すると表皮になる」という点である。つまり、中胚葉の接触は、外胚葉を神経にするのではなく、「表皮にさせないこと」とも捉えることができる。外胚葉を表皮にすることに働くタンパク質として知られるのが **BMP**（bone morphogenetic protein、**骨形成タンパク質**）である。BMP はリガンドで、前述のアクチビンや nodal、そして TGF-β などから構成される TGF-β スーパーファミリーの一員であ

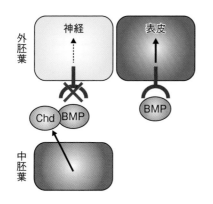

図7-2　神経誘導の分子メカニズム
中胚葉から分泌されるのは、Chordin（Chd）のようなBMPを阻害するタンパク質である。ChordinとBMPが相互作用するとBMPシグナリングが抑制され、外胚葉は神経となる。抑制されない部分は表皮に分化する。

る（☞3章）。外胚葉が神経細胞になるためには、このBMPの働きが抑制される必要がある。BMPの抑制に働くのがChordin、あるいはNogginである。NogginやChordinが中胚葉から分泌されてBMPと直接結合すると、BMPはBMP受容体と結合できなくなり、結果的にBMPシグナルが抑制される（図7-2）。この状況が外胚葉に生じる、つまり外胚葉と中軸中胚葉が接触すると、外胚葉は表皮化されず神経の道をたどることとなる。

　Chordin はBMPの阻害だけに働くのかというと、BMPのシャトリング、つまり BMP-Chordin の複合体が積極的に腹側に移動してBMPを背側から排除するしくみがあることも指摘されている。また、BMP-Chordin の複合体ができるとメタロプロテアーゼの働きによって Chordin が切断され、受容体への結合を促進するという研究結果もあり、実際に胚内で神経誘導が起こる際には、Chordin や Noggin の有無だけではなく、もう少し複雑な分子機構が備わっているようである。

7.3　オーガナイザーの分類と前後軸の形成

　以上のように、神経の誘導はBMP（シグナル）の抑制で基本的に説明される。しかし、このとき同時に、神経の前側と後ろ側、つまりどの辺が脳になりどの辺が脊髄になるのかということが決められていく。このことは、実は神経にかぎらず、胚そのものの前後軸がどのように形成されるかという問

題と直結する。では、それはどのようにして決められるのか。答えを簡単に
いうと、正中線に沿って形成されるいくつかのリガンドの濃淡（あるいはそ
のリガンドに制御される細胞内シグナル伝達系の強弱）によって決められる。
その1つが **Wnt シグナル**である。

1998 年、ツメガエルを用いた研究で、BMP シグナルの抑制因子と Wnt
シグナルの抑制因子を両方同時に胚の腹側に注入すると、オーガナイザー
の誘導を介さずに頭をもつ二次軸が誘導されることが発見された。一方、
BMP 抑制因子だけを注入した場合は、二次軸が誘導されるものの頭部は効
率よく形成されない。以上のことから、脳をはじめとする頭部の誘導には
Wnt シグナルの抑制が必要であることが明らかとなった。実際、カエル胚
の頭部が作られる場所に Wnt シグナルを促進する遺伝子を注入すると頭部
の形成が抑えられ、逆に上述の Wnt 抑制因子を注入すると頭部の肥大が観
察される（**図7-3**）。

実際の胚では、どのようにしてこの Wnt シグナルの濃度勾配が作られて
いるのだろう。実は、オーガナイザーには 2 種類、すなわち前方部を作る
オーガナイザーと後部を作るオーガナイザーが存在している。前者からは

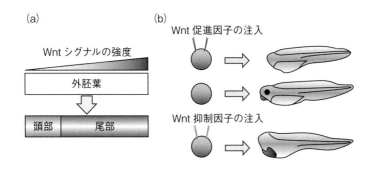

図7-3　カエル胚の Wnt シグナル
（a）Wnt シグナルの強弱と前後軸形成。Wnt シグナルが弱い方が
頭部に、強い方が尾部になる。（b）予定頭部の Wnt シグナルを人為
的に変えた時の表現型の違い。正常胚（中）と比べ、Wnt 促進因
子を予定頭部領域に注入すると頭部が小さくなり（上）、逆に Wnt
抑制因子を注入すると頭部の肥大がみられる（下）。

Wnt 抑制因子（Dickkopf や Frzb タンパク質など）や、Wnt と BMP の両方を抑制できる因子（Cerberus）、後者からはすでに述べた BMP だけを抑制する因子（Chordin や Noggin など）が分泌してそれぞれ外胚葉に働きかけることで、脳と脊髄が作り分けられている。これらのオーガナイザーは**頭部オーガナイザー**（head organizer）、**胴尾部オーガナイザー**（trunk-tail organizer）とよばれる。

　オーガナイザーに 2 種類あることは、実験生物学的な研究によって古くから知られていた（**図 7-4**）。初期原腸胚期の原口背唇部を切り出して移植すると、頭部が誘導される。一方、後期原腸胚期の原口背唇部を切り出して移植すると、頭部ではなく尾部が誘導される。もちろん、これだけではオーガナイザーの違いを直接説明したことにはならないが（単なる誘導活性の時間

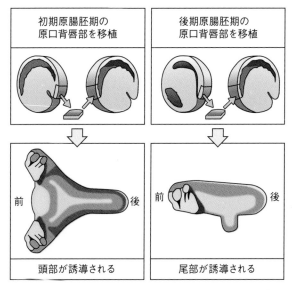

図 7-4　カエル胚の 2 種類のオーガナイザーの存在を示す実験
　原腸形成が始まってすぐの原口背唇部を別の胚に移植すると、頭部が異所的に形成される。一方、後期原腸胚期の原口背唇部を移植すると、頭部ではなく尾部が誘導される。このことは、時期（あるいは場所）によってオーガナイザーの性質が異なることを示している。

的変化かもしれない）、原口背唇部に位置する細胞が潜り込みのせいで初期と後期で異なっていることを考え合わせると、オーガナイザーが均一ではないという仮説がたつのはもっともである。

なお、前後軸の形成には、Wnt 以外に FGF シグナル、IGF（インスリン様成長因子）シグナルが抑制されることも頭部形成に必要であることが分かっている。さらに、もう1つの前後軸形成関連シグナルとして**レチノイン酸シグナル**が知られている。

ここでレチノイン酸について少し説明する（図 7-5）。レチノイン酸はビタミン A[※7-1] から体内で合成される化学物質で、核内レセプターである2種類のレチノイン酸受容体（RAR、RXR というタンパク質）のうち RAR に

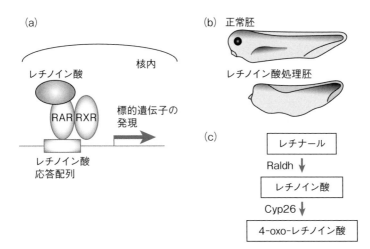

図 7-5　レチノイン酸シグナル
　（a）レチノイン酸経路の概略。レチノイン酸は核内受容体 RAR と結合すると RXR とヘテロダイマーを形成してレチノイン酸応答配列に結合し、標的遺伝子の転写を活性化する。（b）レチノイン酸溶液で初期胚を処理すると、頭部の縮小が観察される。（c）レチノイン酸の代謝。レチノイン酸は Raldh というレチノイン酸合成酵素によりレチナールから合成される。一方、Cyp26 という代謝酵素によりレチノイン酸は構造を変え、シグナル分子としての働きを失う。

※7-1　ビタミン A はレチノールという化学物質を指す。

レチノイン酸が結合し、RXRとRARがヘテロダイマーを形成して標的遺伝子を活性化する。すなわち、レチノイン酸経路は細胞内シグナル伝達経路の１つである。このレチノイン酸については、以前から胚に強い影響を与えることが知られていた。レチノイン酸溶液に胚を浸けると、濃度依存的に頭部の構造が欠失するのである（図7-5b）。レチノイン酸は胚の前後軸に沿って濃度勾配を形成しており、前方で少なく、後方で多い。このような濃度勾配の形成には、合成酵素であるRaldh（レチナールデヒドロゲナーゼ、レチナールからレチノイン酸を合成する）や、代謝酵素であるCyp26（レチノイン酸ヒドロキシラーゼ）などが関わっていると考えられている。

7.4　神経領域のさらなる分類

　誘導された神経領域は、神経胚期においては主に神経板として大きな領域を占める。神経板はその後、境界部分が盛り上がり始め、互いに中央部に集まるように変形し、最後には融合する。これによって、平板状の構造である神経板は管状となる（**神経管閉塞**とよばれる）。神経管はその後、脳や脊髄神経、つまり中枢神経となる。では、我々の体に張り巡らされている末梢神経はどこからできるのだろうか。ここで、神経領域をもう少し詳しく分類する。先述の神経板の周囲には、**神経堤**、および**予定プラコード**（**口蓋プラコード**とよぶこともある）が形成される（図7-6a）。これらが、末梢神経や神経とともに機能する感覚器へと分化する。なお、神経堤は末梢神経以外に頭部の軟骨、色素細胞など様々な器官にも分化する。神経堤やプラコード領域もまた、神経板と似た時期に誘導される。神経堤細胞については、神経管閉塞（☞8.5節）の際、表皮にも神経管にもならずに胚の少し内側に落ち込む（図7-6b）。その後、神経堤細胞はある決められた経路をたどって軸索を伸ばすか、あるいは細胞自身が腹側に向かって移動する。神経堤細胞の移動経路もある程度決まっていることが分かっている（後述）。

　一方、神経板では早くも「脳の部域化」がスタートする。脊椎動物の**脳**は、**前脳**、**中脳**、**後脳**、**延髄**から構成されるが、これらの部域は神経誘導が起こった後速やかに決められる。脳の部域化も、上述のWnt、FGFなど細胞内シ

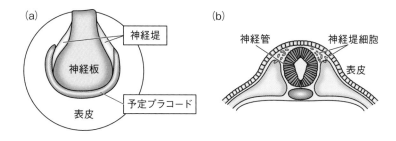

図7-6 神経領域の細分化
(a) 神経胚において形成される３つの神経領域。大きな面積を占める神経板の周囲には、神経堤と予定プラコード領域が形成される。(b) 発生が進んだ胚を輪切りにした模式図。上が背側である。神経板(濃い青)は両端が融合して管状の構造（神経管）となり、表皮がその背側を覆うことで、神経管は体の中に埋まったようになる。神経堤細胞は神経管の側部、体節（うす赤）の背側にバラバラに配置され、その後移動する。

グナリングの強度差に基づくそれぞれの脳部域に特異的な遺伝子の発現制御によって行われる。例えば、前脳では *otx2*、中後脳の境界では *engrailed-2* (*en-2*)、後脳の一部では *krox20* といった遺伝子が特異的に発現する（図7-7a）。ちなみに、*otx2*、*en-2*、*krox20*、さらには後述するHox、これらすべてが転写因子である点は非常に興味深い。おそらく、リガンドなど分泌因子による部域化ではノイズが多い（細胞を超えて情報が伝播してしまう）ためであると想像される。できあがった脳のごく初期はまだ前後軸に沿った１本の管であるが、その後部域の境界に「くびれ」ができて各脳の位置が明確化する。特に、延髄（菱脳節ともよばれる）は８つの部域（**ロンボメア**といい、r1-r8まである）に分かれ、やはりくびれによって各部域は明確化する。この区切りには、**Hox遺伝子**が関わる（図7-7b）。まさに、ショウジョウバエにおける体節の個性決定メカニズムが脊椎動物の脳の部域化にも適用されているのである。さらに発生が進行すると、それぞれの領域が独自の変形、肥大を繰り返して脳の形を完成させる。この形は脊椎動物間でも大きく異なっていて、個体の情報処理能力の違いを生み出している。その後、神経板は神経管閉塞を経て上述のとおり管状構造となる。

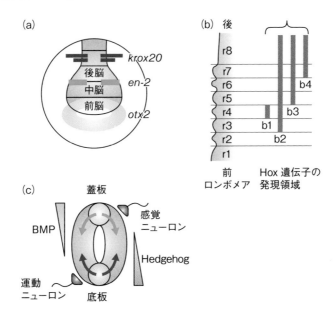

図7-7　脳・神経管の部域化
（a）神経胚期における脳の部域化。*otx2*は前脳領域、*engrailed-2*
（*en-2*）は中脳─後脳の境界部で、*krox20*は後脳の一部で発現する。
（b）ロンボメア（菱脳節）は1から8までさらに区分化される。この
区切りはHox遺伝子の発現の有無によって規定される。（c）神経管
の背腹軸形成。BMPが背側（蓋板のある方）から、Hedgehogが腹
側（底板がある方）からそれぞれ濃度勾配を形成し、位置情報を規定
している。背側神経管には感覚ニューロンが、腹側神経管には運動
ニューロンがそれぞれ接合する。

　神経管を輪切りにしたとき、神経管自体にも背側、腹側の極性が存在
していることが知られている（図7-7c）。この極性は、BMPシグナル、
Hedgehogシグナルによって規定されている。神経管は脊索（中軸中胚葉）
の上部に近接して位置しているため、脊索から分泌される**Hedgehogタン
パク質**の影響を受け、神経管の腹側（下部）に**底板**という領域が形成され
る。一方、神経領域とならなかった表皮ではBMPが阻害されずにいるため、
この表皮と近接している神経管の背側（上部）はBMPの影響を受け、**蓋
板**という領域が作られる。神経管は、さらに蓋板からのBMP、底板からの

Hedgehog の分泌により、神経管に位置情報が形成される。この位置情報は重要で、末梢神経が神経管に投射されるときの重要な道しるべとなる。具体的には、感覚ニューロンは神経管の背側に、運動ニューロンは神経管の腹側にそれぞれ投射され、これは神経管の背腹軸に沿った位置情報に依存する。

7.5　神 経 堤

外胚葉は表皮以外に神経板、予定プラコード、そして神経堤に領域化されることは上述したとおりである。神経堤の存在そのものは 19 世紀に記述がみられるものの、実際にどのような発生をたどるかは、ニワトリ胚とウズラ胚を用いたキメラ胚による実験、あるいは細胞に DiI（ダイアイ）とよばれる色素を注入して細胞を標識し、それがどのような器官に分化するかを調べることで明らかになった。それによれば、前部領域では顔面の軟骨と脳神経、中央領域は心臓の一部、後部領域は色素細胞や後方の神経節（交感神経など）、内臓神経などに分化する（図 7-8）。

　神経堤細胞のもう 1 つの特徴は、その場にとどまらず移動する点が挙げられる。ただ、それぞれが好き勝手に移動するのかというと、もちろんそうではない。神経堤細胞の移動経路は 2 つある。1 つは表皮と体節の間（背外側経路）を通り、これは**色素細胞**となる。一方、体節のうち硬節（腹外側経路）

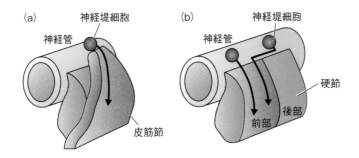

図 7-8　神経堤細胞の 2 種類の移動経路
　(a)皮筋節の背外側を移動する経路。これは経路を選ばない。
　(b) 皮筋節の腹外側、硬節の背外側を移動する経路。この経路では、神経堤細胞は前部体節のみを通過する。

を通過する神経細胞は**神経節**となる。腹外側経路では、体節の前方のみを通過し、後方は通過しない。この制御には**エフリン**と **Epf 受容体**が関わっていることが知られている。一例を示すと、後方硬節ではエフリン B1 が発現しており、神経堤細胞がもつ EphB3 と相互作用して抑制的に働く結果、神経堤細胞は後方硬節を避けるように移動する。

　神経堤細胞の最終分化は、細胞が移動した先でどのような因子が存在するかなどの状況によって左右される。例えば移動先にエンドセリン（endothelin）があると色素細胞に、BDNP があると感覚ニューロンに最終分化する、といった具合である。

コラム 7-1：ニワトリ胚を用いた発生学研究

　発生生物学において、ニワトリ胚を用いた研究の貢献も非常に大きい。ニワトリ胚を用いる利点はいくつかある。1 つは、入手が容易な点である。その理由は、どのスーパーに行っても必ず卵が置いてあることを考えればすぐに納得できる（ただし一般のスーパーに置いてあるニワトリ卵は無精卵であることが多く、そのまま保温しても発生は進まない）。もう一点は、卵割の様式にある。ニワトリは盤割であり、胚の大部分を占める卵黄の表面に乗っかったような形で存在し、胚発生もその場所で進む。そのため、胚発生を追うことが比較的容易である。実際、卵殻（卵の「から」）を一部切除することで、胚を外から観察することができる。ハーヴィ（William Harvey）やマルピーギ（Marcello Malpighi）が胚の循環系（血管系）を観察したのはやはりニワトリ胚であった。実験上の利点としては、遺伝子や標識色素導入のためのエレクトロポレーション法が古くから使われ、手法が確立していることも理由の 1 つである。

7.6　ニューロン分化と側方抑制

　神経発生の分子機構についても、ショウジョウバエから分かったことが多くある。その 1 つは、神経前駆細胞（群）からの神経芽細胞の分化制御機構である。1 つのショウジョウバエの神経前駆細胞群からは、**ニューロン**は

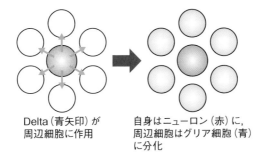

Delta（青矢印）が
周辺細胞に作用

自身はニューロン（赤）に，
周辺細胞はグリア細胞（青）
に分化

図 7-9　Notch-Delta と側方抑制
丸は一つ一つの細胞を示す。ある1つの細胞の Delta の
発現が強くなって周辺細胞に作用すると、周辺細胞は
Notch-Delta の相互作用により遺伝子としての Delta の発
現が抑えられ、ニューロンにならずグリア細胞などになる。

1つしかできず、残りは**グリア細胞**となる。このしくみを実現する分子機構
として **Notch-Delta システム**が知られる（図 7-9）。

　Notch と Delta はともに膜タンパク質で、互いに相互作用する。隣接する
細胞ははじめ Notch も Delta も両方発現しており、Notch の下流には acute-
scute 複合体とよばれる転写因子、次いでその制御下に *Delta* 遺伝子がある。
実は、Notch-Delta の相互作用で acute-scute（脊椎動物では neurogenin）
複合体は活性が抑制されるため、その結果、Notch が活性化すると *Delta* 遺
伝子が発現しなくなる、というネガティブフィードバックがかかる。さて、
互いに接触した2つの神経前駆細胞において、（これは偶然に）acute-scute
複合体の活性が上がったとする。すると、Delta の転写が増え、隣の細胞の
Notch と相互作用する。すると隣の細胞では acute-scute が抑えられ、Delta
の転写も減る。こうして結果的には、acute-scute、Delta の発現が強い細胞
が神経芽細胞に、その周りの Notch の活性が高い細胞は神経芽細胞への分
化が抑制され、表皮あるいはグリア細胞に分化する。これを**側方抑制**（lateral
inhibition）という。Notch-Delta システムによる側方抑制は、様々な動物に
おける分化制御機構に使われている。

　脊椎動物では、神経管が形成されたあと、細胞は少し複雑に変形する。神

経管を形成する細胞は、ごく初期には1層であるが、細胞分裂を繰り返すことで、神経管の管腔に面した部分に、**脳室帯**という細胞群が生じる。また細胞は、管の中—外方向に細長く変形していき、細い細胞が並んだような配置となる。核は管腔面に近いところに位置し、ニューロンとなる細胞はその後、管腔の外側方向に向けて移動し、それぞれ決められた場所に位置するようになる（図7-10）。特に脳においては、それぞれのニューロンの位置が層のように見える。このニューロンの移動のレールとなるのが**放射状グリア細胞**である。放射状グリア細胞もまた神経管の管腔—外側方向に延びており、ニューロンは放射状グリア細胞に沿って移動することで、正しい向きに動くことができる。

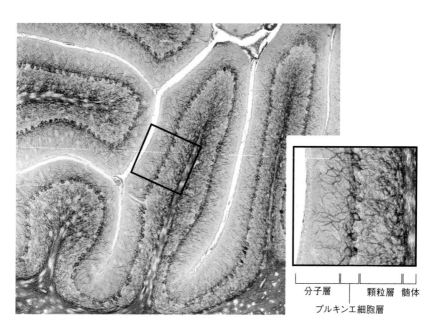

分子層　　顆粒層　髄体
プルキンエ細胞層

図7-10　小脳の断面写真
白く抜けたところは空間。表面から、分子層、プルキンエ細胞層、顆粒層、髄体の順に層状の構造が観察される。（Jose Luis Calvo/Shutterstock.com）

7.7 ニューロンの軸索伸長

多くのニューロンは、丸い細胞ではなくきわめて細長い形状をもつ。この形は最初からそのように作り出されるのではなく、分化過程で細長くなる。伸長する細胞の先には**成長円錐**という部分があり、これが**仮足**（☞ 8章）を形成し、先導端を移動させることによって細胞の形状を細長く伸長していく。さて、このようにして伸長する軸索の方向や到達点はどのように制御されているのだろう。様々な要因が考えられるが、よく研究が進んでいるのは**誘因因子・反発因子**による伸長方向の決定である。これを**化学走性**という。これまで、様々な誘因因子、反発因子が知られている。**エフリン**は多くの場合、反発因子として働く。エフリンの受容体は **Eph** とよばれ、ニューロンがもつ。エフリン – Eph の組合せは様々な種類があり、それぞれに特異性がある。よって、ある Eph をもつニューロンは、対応するエフリンが進行方向にあるかないかでそちらに伸長するかどうかが決まる（図7-11a）。セマフォリンもまたエフリン同様に化学走性に関わるタンパク質で、反発因子として機能することが多いが、ある局面では誘因因子としても働く。セマフォリンを受容する受容体はプレキシン、ニューロピリンなどが知られる。

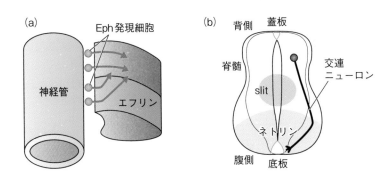

図7-11 ニューロンの伸長とシグナル分子
（a）図7-8で説明した、神経堤細胞の腹外側経路を通過する分子機構。後部区画ではエフリンが発現しており、Eph を発現するニューロンはそれを避けるように進む。（b）神経管の断面とネトリン、slit の発現位置。神経管の背側にある交連ニューロンは、slit の発現領域を避け、ネトリンのある腹側方向に向けて伸長する。

　交連ニューロンは、神経管の中で背側から腹側に向けて軸索を伸ばし、感覚ニューロンと運動ニューロンとの連携に関わる。交連ニューロンが正しく背側から腹側に軸索を投射する上では、ネトリン（netrin）というリガンドが働く。ネトリンは神経管の腹側部分（つまり底板付近）に多く存在し、ロボ（robo：roundabout タンパク質の略）を受容体にもつ交連ニューロンを引き寄せる。一方、神経管の中央部では、反発因子である slit が多く存在するため、交連ニューロンは脊髄の中心を避けるように進み、腹側に軸索を伸ばす（図 7-11b）。

　次に、**視神経の投射**の例も示す。ヒトの場合、網膜には約 1 億個の光受容細胞があり、いくつかのセットで 1 つの視神経とつながっている。視神経は片目あたり約 100 万あって 1 つに束ねられ、最終的に脳とつながっている。当然ながら、視覚情報が脳の正しい位置に連絡していないと役目を果たすことはできない。そのような理由から、視神経の脳への投射は分子的なメカニズムによってコントロールされている。両生類において、視神経は中脳の一部である**視蓋**（optic tectum）の視覚中枢に投射される。実は右目の視神経は脳の左側に、左目の視神経は脳の右側に、交差するように投射されるので、これを**視交叉**という。一方哺乳類では、視神経は前脳の一部である**外側**

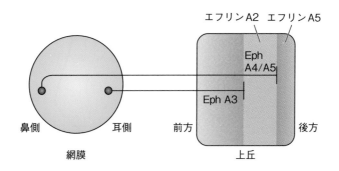

図 7-12　マウスにおける網膜─上丘の軸索投射とエフリン -Eph の関係
　鼻側のニューロンは、エフリン A2 のある部分はそのまま進み、エフリン A5 が発現する上丘後部まで伸長する。　一方耳側のニューロンは、エフリン A2 による阻害作用を受け、上丘の前部で伸長が止まる。このような制御により発出部位に特異的な軸索投射パターンが作られる。

膝状核に投射され、さらに別のニューロンによって視覚野に連絡する。両生
類と違い、哺乳類の視細胞はすべてが交差せず、両方の膝状核のどちらかに
投射される。ちなみに、視細胞の一部は前脳の膝状核ではなく、中脳の上丘
とよばれる領域にも投射される。こういった、目から伸びる視細胞がどのよ
うに正しい位置に投射されるかについては、様々なモデル動物を用いて広く
研究が進められている。機構の1つとして、ここではマウスによって明らか
になった網膜─上丘間の投射とエフリン-Eph の関係について説明する（図
7-12）。ここでは、エフリンと Eph の反発作用が鍵となる。

　網膜の鼻側（顔の中央に近い方）から発出するニューロンは上丘の後側に
投射される。この制御機構を簡単にいうと、ある Eph（EphA4/A5）を多く
発現する鼻側のニューロンは、上丘の前側に多く存在するエフリン A2 とは
相互作用しないためそのまま進むが、後方で多く存在するエフリン A5 の反
発作用を受けて軸索の伸長をそこで止め、結果的に鼻側から出たニューロン
は上丘の後方に投射される、というものである。もちろん 100 万本のニュー
ロンがこのしくみ 1 つですべて正しく投射されるわけではないが、しくみの
概念として理解してほしい。

8章 細胞の再配置：形態形成運動

2.7 節で説明したとおり、受精卵はパターニングによってそれぞれの場所が何になるかが決められ、そのあと形態形成運動を行うことで、複雑な構造をもつ成体を作り上げる。形態形成運動は、様々な発生段階、様々な場所で行われる。本章では発生を理解するために重要ないくつかの形態形成運動について具体例を挙げ、どのようなしくみで形態形成運動が行われているか説明する。

8.1 形態形成運動の概念

改めて、形態形成運動はなぜ必要なのだろうか。胚発生において私たちのように複雑な構造をもつ生物の体を作る上で、タンパク質の有無だけで細かな位置情報を作り出すことは非常に難しい。なぜなら、解像度の高い（例えば毛細血管 1 本を作るか作らないかを決める程度の解像度）タンパク質の有無という情報を生み出すためには、それを実現するための新たなしくみが必要となるからである。この難しさは、「間違いなく体を作り出す」という目的に対して不利に働く。言い換えると、エラーのリスクが増える。

一方で、最初に細胞の種類を決めてから形態形成運動によって再配置をすれば、場所が多少ずれたとしても「血管が神経になる」といったことは起こらない。位置のずれより、細胞種のずれの方が問題が大きいことから、動物はまず細胞の予定運命を確実に決め、そのあと形態形成によって組織の変形・細胞の再配置を行う、という手段を選択したといえる。

実は形態形成運動にも様々な種類があり、そこに関わる分子メカニズムも少しずつ異なっている。以降、形態形成運動について詳しく説明していく。

8.2 形態形成運動の種類

形態形成運動とひとくちに言っても、その種類は多岐にわたる（図8-1）。大きく分けると、細胞それぞれの変形の総和としての組織の変形、もう1つは個々の細胞が移動することで生じる組織の変形である。

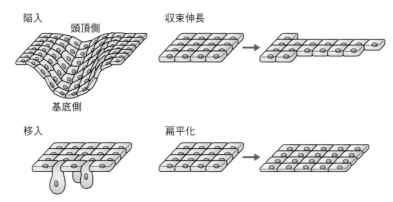

図8-1 形態形成運動の種類
陥入は頂端側の収縮による細胞群の「くぼみ」、収束伸長は細胞が中心に集まることによる組織の「のび」、移入は細胞の落ち込み、そして扁平化は細胞の変形（薄く広がる）による組織の広がりである。

8.2.1 陥入・くぼみ形成

初期発生においては胚の表面がくぼむような組織変形がよく見られる。さて、「くぼむ」という組織の変形はどのようにして起こるのだろう。ここで重要になるのは、胚に対する細胞の表面と内側という位置関係（細胞極性）、そして細胞骨格・モータータンパク質の働きである。ここで、細胞が1層に並んだ細胞シートを考える。横から見たとき、細胞の表面（頂端 [apical] 側）にアクチン繊維があるとする（図8-2a）。このアクチン繊維がミオシンの働きで収縮すると、細胞の頂端側だけが縮む（このような、筋細胞ではない細胞内で働くアクチン-ミオシンの繊維束をアクトミオシンとよぶ）。一方、細胞の基底（basal）側の収縮はなく、かつ細胞同士は細胞接着によってつながっているとすると、それぞれの細胞に歪みが生じる。この歪みを解消するため、細胞は全体の配置を図8-2bのように変える。細胞それぞれが錐体

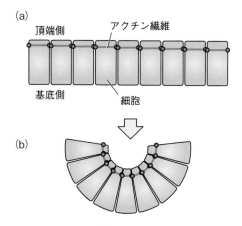

図 8-2　細胞シートの「くぼみ」
（a）細胞の並びを横から見た図。表面（頂端側）付近にアクチン繊維がつながるように存在する。一方、基底側は細胞外マトリックスに、細胞同士は接着接合などで連結されている。（b）アクチン繊維が収縮すると、頂端側の面積が小さくなるが、細胞同士は接着しているので、歪みを解消するために細胞シートは曲がり、結果として「くぼみ」が生まれる。

のように形をかえることで、細胞群総体としてみると「**くぼみ**」という組織変形を導く。陥入、くぼみの多くはこのようなしくみで説明される。

8.2.2　収束伸長

　これは両生類胚の原腸形成のところ（☞ 8.4.2 項）で詳しく説明するが、細胞の移動による組織変形の例の 1 つである。例えば**図 8-3a** のような、4 つ × 4 つの細胞からなる細胞群を考える。"中央に集まる"という運動をそれぞれの細胞が行うと、細胞群は中央に並び、やがて極端にいうと細胞は 1 列に並ぶようになる（**図 8-3b**）。細胞群全体としてみるとどうだろう。正方形に近い形をしていた細胞群は非常に細長い形に変化している。このような形態形成運動を**収束伸長**（あるいは**収斂伸長**、convergent extension）とよぶ。

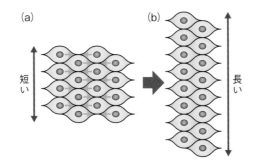

図8-3 収束伸長の原理
（a）最初、細胞は縦横同じ数で配列している。
細胞群としてみると縦に短い。これらが横方向に
向けて移動する。（b）すると、細胞は入れ籠のよ
うに並び、結果として細胞群は縦に長い形となる。

8

細胞の再配置：形態形成運動

8.2.3 移　入

　これも重要な形態形成運動の1つとして考えられる。簡単にいうと、表面に位置する比較的少数の細胞が内側に移動する運動である。上皮細胞が内側に移動して間充織に転換する**上皮 - 間充織転換**（EMT：epithelial-mesenchymal transition）は移入の代表例である。EMT としてはがん細胞の浸潤が分かりやすい例として挙げられるが、他にも神経堤細胞（☞7章）の移動は EMT が引き金となる。

8.2.4　その他の形態形成運動

　細胞の移動・変形を伴う組織変形を形態形成運動とするならば、その他にもいろいろな種類がある。例えば後述する**覆い被せ**（epiboly **エピボリー**；☞ 8.4.2項）は細胞の扁平化と細胞の放射挿入（後述）という、形状と位置の協調的な変化により、結果として細胞群の面積を広げる形態形成運動である。また、細胞の制御された移動（例えばニューロン；☞7章）も、それがある程度の数の細胞で同時に起こるのであれば形態形成運動の1つとして考えてよい。このように、様々な種類の形態形成運動が胚内のあちこちで

漸次的かつ継続的に起こることで胚の形状はどんどん複雑になり、ひいては我々のような体を構築することができるのである。

8.3　細胞の運動：アメーバ運動と仮足

　さて、ここでは形態形成運動を考える上で不可欠な、細胞の「動き」そのものについて考える。細胞は移動するとき、勝手に動いているのではなく、それなりのステップを踏んで移動している。まず、細胞は動く際、何かの足がかりがないと移動できない（氷の上を歩くより、土の上を歩く方が歩きやすいことを想像すれば分かりやすい）。細胞運動の場合、その足がかりとなるのが**細胞外マトリックス**（☞ 3章）である。細胞は移動の際、**インテグリン**（☞ 3章）が細胞外マトリックスと接着することで移動を可能にしている。もう一点、細胞の移動において重要な要素となる**仮足**という構造について説明する（図8-4）。仮足は、細胞が動く際に移動側の先端（先導端という）に形成される特殊な構造で、アクチン繊維が多く集積する。仮足はさらに**糸状仮足**と**葉状仮足**という２つの種類に分けられる。糸状仮足は細胞の運動の際にまず形成される構造で、名前のとおり糸のように細い形状をしている。細胞の内側にはアクチンが束のようになって平行に配向する。

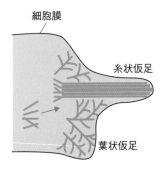

図8-4　2種類の仮足
　糸状仮足は細長い形状で、アクチン繊維も比較的平行に配置している。一方、葉状仮足は細胞膜に沿って広がったような形で、アクチン繊維も編み目のように配置している。

細胞膜

糸状仮足

葉状仮足

　細胞運動の典型的な例として**アメーバ運動**が挙げられる。ここで、細胞がアメーバ運動によって移動する過程を、図を用いて順に説明する（図8-5）。

　① 細胞は細胞外マトリックスの上に乗るような形で位置している。細胞はインテグリンによって細胞外マトリックスと接着している。また、細胞の中にはアクチン繊維とミオシンからなる**ストレスファイバー**とよばれる構造があり、**焦点接着斑**につながっている。

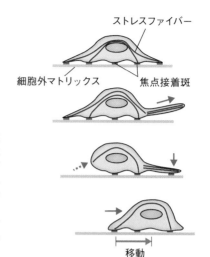

ストレスファイバー

細胞外マトリックス　　　焦点接着斑

移動

図 8-5　アメーバ運動
　細胞は、細胞外マトリックスと焦点
接着斑を介してくっついている。細胞
の中にはストレスファイバーが存在す
る。細胞が移動する際、進行方向に
仮足が形成されて細胞を伸ばし、つ
いで進行方向と逆側の焦点接着斑を
外し、ストレスファイバーを収縮させ
る。すると、細胞は移動方向に重心
を移動させることができる。

　② 細胞が動く方向に仮足が形成され、細胞膜が進行方向に広がり、新た
な焦点接着斑が形成される。

　③ 次に、細胞の進行方向に対して後ろに位置する焦点接着斑がはずれ、
ストレスファイバーがミオシンの働きにより収縮する。その結果、細胞の後
ろ側全体が縮む。

　④ 細胞の形状が最初の状態に戻るが、細胞の位置は進行方向にずれて
いる。

　アメーバ運動とよばれるので、この動きはアメーバ独自のものと勘違いさ
れがちだが、初期発生、あるいは成体における様々な局面で細胞はアメーバ
運動により移動を行っている。例えば、先述した収束伸長、神経細胞の伸張、
そしてがん細胞の浸潤の際の細胞運動もアメーバ運動によって行われる。

8.4　形態形成運動の実際①：原腸形成

　原腸形成は、様々な動物胚で受精後最初に起こる大規模な形態形成運動で
ある。また、原腸形成ではすでに紹介した様々な種類の細胞運動・組織変形
が起こるので、形態形成運動を理解する上ではよい例であるともいえよう。

8.4.1　ウニの原腸形成

　ウニの胞胚は、1 層の細胞シートからなる構造であり、中空である（図 8-6a）。後期胞胚期になると、胚のもっとも植物極側、中央の細胞が内側に向けて潜り込みを始める。陥入する中胚葉細胞は**上皮‐間充織転換**（EMT）（☞ 8.2.3 項）を起こし、互いの結合が緩んで内側への細胞運動を容易にする。こうして落ち込んだ細胞は**一次間充織**とよばれる。次に、この一次間充織細胞に引きずり込まれるように、その周囲に位置する内胚葉細胞もまた中に潜り込むような動きをする。内胚葉の陥入は中胚葉の EMT ではなく、**図 8-2b** で示したように頂端側の収縮によりひき起こされる。続いて内胚葉細胞は、接着状態をある程度保持しながらくびれ込むように動く。また、その先端に位置する間充織細胞（**二次間充織**とよばれる）は特徴的な長い仮足を形成して胞胚腔の中を動物極側に移動して胞胚腔の逆側の細胞と接着し、陥入した内胚葉細胞を引っ張り上げるようにすることで、原腸が形成される。最終的には原腸の先端部が胚の動物極側と融合する（図 8-6b）。以上のように、ウニの原腸形成では、内胚葉細胞の陥入と、最初に内部に潜り込んだ中胚葉（間充織）の糸状仮足の伸展・収縮による「引っ張り上げ」により、細長い管腔構造、つまり**原腸**が形成される。

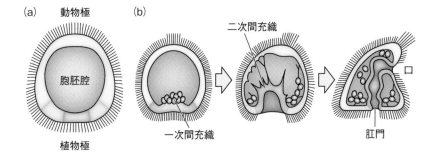

図 8-6　ウニの原腸形成
　（a）胞胚。植物極側中央に将来の一次間充織細胞が、その辺縁部に将来の二次間充織細胞が位置している。（b）まず植物極中央部が陥入し、一次間充織細胞となり胞胚腔内に落ち込む。ついで、陥入した細胞が原腸を形成し、その先端の一部は二次間充織細胞となるとともに、その他の細胞は動物極側と融合して口になる。

8.4.2　カエルの原腸形成

　カエルの原腸形成では、中胚葉・内胚葉の陥入に加え、複数の形態形成運動が胚の様々な場所で同時並行的に行われることで原腸の形が作られる。大まかには、**陥入**、**収束伸長**、そして**覆い被せ（エピボリー）**である。

　胚が原腸胚期に達すると、背側植物極よりの場所にあるごく少数の細胞が胚内に落ち込もうとする（図8-7a）。この動きは、これら少数の細胞（**ボトル細胞**とよばれる）の頂端側（胚の表面側）のアクトミオシンが収縮することでくぼみが生じること、もう1つはボトル細胞のそばの細胞の移動（巻き込み）、以上2つの動きによって、中胚葉は陥入を始める。

(a)

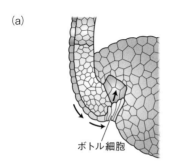

ボトル細胞

(b)

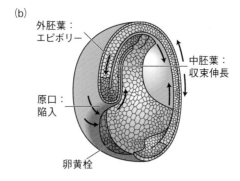

外胚葉：
エピボリー

中胚葉：
収束伸長

原口：
陥入

卵黄栓

図8-7　カエルの原腸形成
　(a) 背側植物極側に位置するごく一部の細胞(ボトル細胞) の落ち込みと、それに続く中胚葉の巻き込みによって陥入が始まる。(b) 原腸形成は、(a)の陥入、その後起こる中胚葉の収束伸長、さらには外胚葉の覆い被せ(エピボリー) が協調的に起こることで進行する。

　次に、中胚葉の細胞は胚の中を移動するように動く。原腸形成は植物極側から動物極側に向けて起こるので、細胞も同じ方向に運動すると思われがちであるが、興味深いことに実際には原腸が動く方向と直交するように細胞は移動する。このような細胞の動きが 8.2.2 項で説明した収束伸長である。収束伸長には 2 つの種類がある。その 1 つは**中心 - 側方挿入**（mediolateral intercalation）というもので、8.2.2 項で説明したように、平面に並んだ細胞群が正中線に向けて動き、入れ籠のように細胞が整列することで、広く短い細胞群が細長い形状に変形する、というものである。原腸形成における中胚葉の動きは、この mediolateral intercalation が大きな原動力となる。

　このような中胚葉（とそれにつながった内胚葉）の潜り込みには、2 つの大きな意味がある。1 つは原腸形成の言葉のとおり、将来の消化管になる中空構造の形成である。そしてもう 1 つは、中胚葉と外胚葉が、正中線に沿って細長く接触する点である。これがなぜ重要かは、7 章の神経誘導の説明から明らかであろう。神経誘導の観点からは、もし原腸形成が起こらなければ神経はまず胚の帯域付近にリング状に誘導されることになる。体軸はすでに決められているので、自分の体を想像すると、神経がおなかのあたりにぐるっと取り囲むようにできる、ということである。動物の体の体制を考えたとき、細長い体の前後に沿うのではなく、中央に神経が集まることの不利益は容易に想像ができるだろう。以上の理由から、中胚葉が細長く、しかも外胚葉と前後軸に沿って配置されることが重要なのである。

　中胚葉が潜り込む一方、外胚葉は胚を包み込むように変形する。これは、前述したエピボリーによって行われる。エピボリーは結果的には細胞の移動を伴うものの、それぞれの細胞の位置関係は大きく変化せず、細胞の形を変化させる。具体的には、細胞の頂端側の面積を広げ、平坦な形状に変形させる（図 8-8a）。これが細胞群全体で起こることによって、組織全体の面積も大きくなっていく。さらに外胚葉では、収束伸長のもう 1 つのタイプである、**放射挿入**（radial intercalation）が起こる。これにより、数層からなる細胞群が上下に移動することで、結果的に細胞シートの厚みが薄くなる（図 8-8a）。これら 2 つの動きが同時に起こることで、外胚葉の表面積が広がり、

(a) (b)

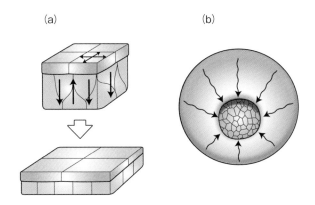

図 8-8　覆い被せ（エピボリー）
　（a）エピボリーにおける 2 種類の細胞の動き。表面側の細胞は、
扁平化することにより細胞の面積を広げる。一方、内側の細胞
は放射挿入という細胞の表面—内側方向の動き（収束伸長の 1
つである）によって細胞群の広さを広げる。（b）これら一連の
運動によって、外胚葉の細胞群全体は内胚葉を包み込むような
変化をひき起こす。

内胚葉の包み込みが進む（**図 8-8b**）。このようなエピボリーは、ゼブラフィッ
シュ胚でも同様に生じる。ゼブラフィッシュの場合はカエル胚と違い植物極
側が卵黄であるため、よりエピボリーが見た目に明らかである。動物極側か
ら始まったエピボリーは卵黄を包み込むように進む。その最前列の細胞群は
少し厚みがあり輪のように見えることから**胚環**とよばれる。

8.4.3　平面内細胞極性

　前述したように、中胚葉における収束伸長では、正中線と直交するように
細胞が動く。ここで問題になるのは、細胞はどのようにして進行方向と直交
する方向を認識し、その方向に動くのだろう、ということである。胚に潜り
込んだ中胚葉をシート状細胞群と捉えたとき、それを構成する中胚葉細胞に
はそれぞれ極性があり（**平面内細胞極性**という）、その情報に従って細胞は
動く方向を理解する。これまでの研究から、平面内細胞極性を規定する因子、
あるいは影響を与えるシグナル経路がいくつか報告されている。平面内細

8

細胞の再配置：形態形成運動

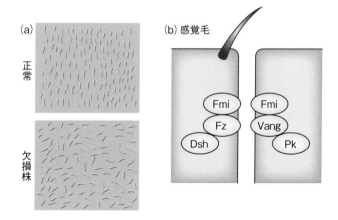

図8-9　平面内細胞極性
（a）ショウジョウバエの翅の感覚毛。関係する遺伝子の欠損で
毛の生える方向がランダムになる。（b）平面内細胞極性と膜に局
在するタンパク質との関係。Fmi: flamingo、Fz: Frizzled、Dsh:
Dishevelled、Vang: Van gogh、Pk: prickle。

極性は最初ショウジョウバエで研究が進んだ。ショウジョウバエでは、複眼
を構成する個眼の向きや翅の感覚毛が生える方向など、様々な器官が平面内
細胞極性によって制御されている。このような極性は、Wnt シグナル経路
（☞3章）に関わる遺伝子の抑制や過剰発現によりランダム化することが
知られている。似たような乱れは FGF シグナルの変化によっても引き起こ
される。その後の研究から、細胞内極性はそれぞれの細胞に存在するいくつ
かの膜タンパク質が、細胞内で偏って配置されてでき上がっていることが分
かっている（図8-9）。同じことはカエルの中胚葉にもあてはめることがで
きる。

　個々の細胞に極性が形成されたとして、それだけでは実際に細胞は動くこ
とができない。そこで関わるのが、すでに述べた「仮足」と「アメーバ運動」
である。細胞において、正中線方向と直交するように局在する Dishevelled
の働きにより、Rho や Rac など低分子 G タンパク質が活性化する（図
8-10）。Rho の活性化は Rho 結合性キナーゼの活性化を通し、アクチン繊維

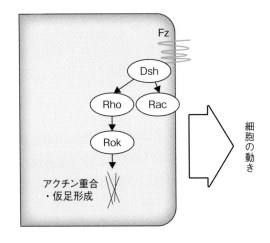

図 8-10　カエルの収束伸長と極性
収束伸長において、中胚葉細胞は移動方向に対応する場所で Wnt シグナリングが活性化し、Dsh、Rho、Rok を経てアクチン重合が促進されて仮足が形成され、細胞の移動へとつながる。

の重合を促進する。これが仮足形成、ひいてはその方向へのアメーバ運動につながっていく。

8.4.4　ニワトリの原腸形成

　ニワトリ胚の原条ができるまでの過程は 6.1.3 項で示したとおりである。原条ができたあと、胚盤葉では様々な形態形成が起こる。まず、原条の周辺の胚盤葉上層が原条に向けて動き、原条に位置する細胞は内腔に落ち込む（図8-11a）。これは胚盤葉を輪切りにして見たときの動きであるが、平面の動きも大きい。それは、原条の伸長と後退である。コラーの鎌（後部境界領域：☞ 6.1.3 項）のところで最初に生じた原条は、まず前方に向けて伸長する。言い換えると、先ほど説明した、細胞の内腔への落ち込みが前方に順次に起こる。この伸長が胚盤葉の半分程度のところまで進んだとき、原条の前端（この細胞が集まった部分を**ヘンゼン結節**といい、カエル胚におけるオーガナイザーに相当する）が、今度は後方に戻り始める。原条が通過した後の領域に

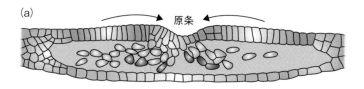

(a)

原条

(b)

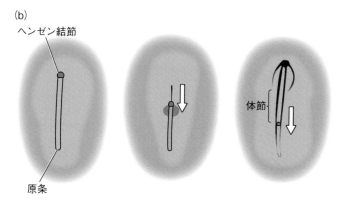

ヘンゼン結節

原条

体節

(c)

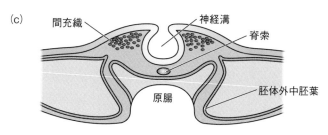

間充織　　　　　　　神経溝

脊索

原腸　　　　胚体外中胚葉

図 8-11　ニワトリ胚の原腸形成
　（a）胚盤葉の断面図。表面側が胚盤葉上層である。中央部に位置する
原条の細胞は内腔に落ち込む。また、原条に隣接する細胞は原条のあっ
た場所へと動く。（b）原条の落ち込みが前方に達したあと、前端部（ヘ
ンゼン結節）は今度後端に向けて移動を始める。ヘンゼン結節では神
経外胚葉の管腔構造形成が進み、通過したあとには体節が形成される。
（c）ヘンゼン結節通過後の胚盤葉の断面図。

は脊索と体節が作られ、またカエルの神経堤のような盛り上がり構造ができる（図8-11b）。改めて胚盤葉の輪切りを見ると、カエルの神経胚の輪切りと似たような構造になっている（図8-11c）。

8.5　形態形成運動の実際②：神経管閉塞

　7章で説明したように、神経領域は外胚葉の板状構造として誘導される。誘導された最初の神経領域の中では、神経板がもっとも大きな領域を占める。神経板は形態形成運動により神経管へと変形する。これが7.4節でも触れた**神経管閉塞**である。神経管閉塞の最初は、神経板の端に位置する細胞の頂端収縮で、局所的な陥入が始まる（図8-12a）。これが神経板全体の細胞で生じるが、ポイントとなるのが頂端収縮の方向である。神経管閉塞では、細胞の頂端面が前後・左右均等に収縮するのではなく、主に左右方向に収縮する。

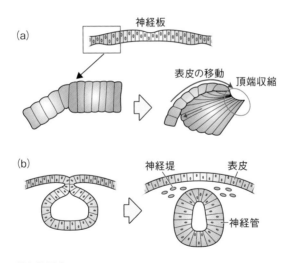

図8-12　神経管閉塞
　（a）神経板を含む外胚葉の断面図。神経板の端の部分で頂端収縮が起こり、またその近くの表皮の細胞が正中線（図では右方向）に向けて移動することで神経板の巻き込みが始まる。（b）これが続くことで、最終的には表皮同士が融合し、神経管が分離して神経管の閉塞が完了する。このとき、神経板と表皮の境界に位置する神経堤細胞は、表皮からも神経管からも独立し、その後の細胞移動につながっていく。

その結果、神経板は正中線に沿ってくぼみが生じる。さらに収縮が進む中で、神経板境界の細胞は両端から正中線に向かって移動するように動き、やがて両端が融合する。さらに、中に生じた縦長の空洞部は表面を包み込んだ細胞群（表皮に分化する）から切り離され、管状の構造となる（図 8-12b）。なお、神経管が閉塞する際、表皮と神経板の境界に位置する神経堤細胞は、上皮 - 間充織転換（☞ 8.2.3 項）を行って内部に落ち込むように動く。その後の動きについては、すでに 7 章で説明したとおりである。

8.6　マウス：遠位臓側内胚葉の移動以降の形態形成

これまで初期発生の様子は主にハエ・カエルで見てきた。しかし、哺乳類の初期発生は、同じ脊椎動物であるにもかかわらずカエルや魚とはまったく異なる。両生類胚・魚類胚はこれまで説明してきたように、形態形成運動を始める前までに、ある程度位置が固定されたままで三胚葉などが決められる。一方、哺乳類胚において動きがさほど伴わないのは胞胚期までで、その後はかなり複雑な形態形成運動を行いながら、体の形を構築していく。これについてはすでに 6.1.3 項、マウスの体軸形成のところである程度説明した。ここではマウスについて、遠位臓側内胚葉の移動以降、どのような形態形成を行うか説明する。

マウスでは受精後比較的単純に細胞数を増やすのは胚盤胞までで、その後は胚盤葉が変形し、受精後 6.5 日には内胚葉、外胚葉、そして中胚葉の位置関係がある程度はっきりする（図 8-13）。なお、エピブラストの近位側は胚体外外胚葉となり、栄養外胚葉との間に位置することになる。胚体外外胚葉は最終的に胎盤となる。またエピブラストの中は空洞となっている（前羊膜腔）。さらに、エピブラスト・胚体外外胚葉の外側は、臓側内胚葉に覆われている。これはもともとの原始内胚葉に由来する。

さて、このあとマウス胚はどのように変形していくのだろうか。ここで原条（中胚葉組織である）は、後方から前方に向けてエピブラストを包み込むように広がっていく。と同時に、中胚葉の領域は遠位方向にも伸展する。その結果、カエル胚と逆に、中胚葉はカップ状構造の外側、外胚葉は内側に配

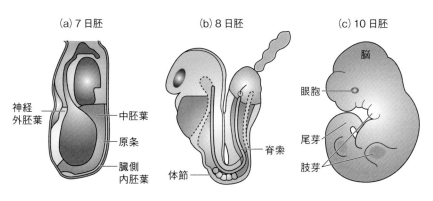

(a) 7 日胚　　　　　　(b) 8 日胚　　　　　　(c) 10 日胚

神経
外胚葉　　　　　　　中胚葉

原条

臓側
内胚葉

脊索

体節

脳

眼胞

尾芽

肢芽

図 8-13　マウスの胚発生（後期）の要約　（図 6-4 も参照）
(a) 7 日胚。エピブラストは遠位（図の左側）に向けて移動し、神経外胚葉となる。
原条は細長く胚体外胚葉の表面側に筋状に収束し、一方で原条の両脇に位置す
る中胚葉細胞は横、さらには底部に広がり中胚葉層を形成する。中胚葉層の表面
側には臓側内胚葉が配置される。(b) 8 日胚。原条・中胚葉はさらに遠位に向け
て伸び、脊索や体節構造が見られるようになる。神経外胚葉の上部は頭部の構造
が明確になる。この後で胚の「回転」が起こり、内胚葉と外胚葉の配置が裏表逆
となる。(c) 10 日胚。この時点では見慣れたいわゆる胎児の形となっている。

置されることになる。また、原条の外側に位置する臓側内胚葉は胚体内胚葉
となり、将来この領域は体の腹側となる。エピブラストは前方におしやられ、
その近位側は神経外胚葉となって将来の頭部となる。また、遠位では体節
（someite の方）が作り出される。およそ受精後 8 日までに以上のことが起こる。
ここでマウスの初期胚はダイナミックな動きが起こる。これが「回転」とよ
ばれるものである。この動きはきわめて複雑だが、あえて簡単にいうと、カッ
プ構造が裏表逆になり、それまで一番外側にあった胚体内胚葉が中に、外胚
葉が外側に出てくる。この回転を経て、受精後 10 日目の胚はいわゆる胎児
のような形となる。

8

細胞の再配置：形態形成運動

9章

器官形成
：体のパーツはどうやってできる？

　受精後、胚をパターニングによって「場所分け」し、形態形成運動で「再配置」することを通し、胚の大まかな構築はできたといえるだろう。とはいえ、胚のそれぞれの部分についてはさらに細かく作り込んでいく必要がある。6章（三胚葉形成）ですでに触れたが、三胚葉それぞれからどのような器官ができるか、ここであらためて説明する。外胚葉からは表皮と神経ができる。神経形成については7章で詳しく説明した。中胚葉からは心臓・血管、筋肉、腎臓が、そして内胚葉からは消化管とその付随器官である肝臓や膵臓などが作られる。さらに、皮膚のように、外胚葉と中胚葉が組み合わさって構成される器官もある。この章では、これまでのようにモデル生物ではなくヒトの代表的な臓器・器官も取り上げ、その構造と形成過程について説明する。

9.1　中胚葉の分類と中胚葉性器官の分化

　まず中胚葉については、さらにいくつかの場所に分類することができる（図9-1）。前述したシュペーマン オーガナイザーの働きをもち、かつ自身も脊索となる中胚葉は、**中軸中胚葉**とよばれる。そのすぐ両脇の部分は、体節、つまり将来の筋肉・骨の部分となる。この部分は**沿軸中胚葉**といい、さらにその外側の中胚葉は腎臓などに分化する**中間中胚葉**、そしてもっとも外側（体の横側）の部分は**側板中胚葉**とよばれ、心臓、腸間膜、肢芽などとなる。

9.1.1　脊索の形成

　脊椎動物の成体は脊椎によって支えられている。しかし脊椎動物亜門は脊索動物門に含まれることで分かるように、脊椎動物もはじめは**脊索**（notochord）をもつ。ただし多くの脊椎動物では、脊索は胎児のごく初期に

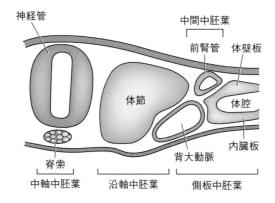

図9-1 中胚葉の分類

この図は哺乳類の胚盤葉の断面図をイメージしているが、魚類・両生類胚も基本は同じである。青は外胚葉由来、赤は中胚葉由来の細胞であることを示す。左の青い輪状の構造は神経管で、正中線もここに位置する。正中線から側方（右方向）に向けて、中軸中胚葉、沿軸中胚葉、側板中胚葉が並ぶ。腎管を含む側板中胚葉領域は中間中胚葉ともよばれる。

だけ見られ、その後退化する。脊索は、胚に潜り込んだ直後は他の中胚葉の細胞とは見分けがつかないが、その後空胞化して特徴的な細胞形状をとる。

9.1.2 体節の形成

ここでいう**体節**（somite）とは、ショウジョウバエの体節形成における体節（segment）ではなく、筋肉や脊柱骨・肋骨などを構成する脊椎動物の器官を指す。筋肉も実は体節構造をもつが、それは人間の腹筋を想像すれば理解しやすいだろう。

体節の重要性はハエの体節と同様、正しい繰り返し構造である。胚における体節形成は、神経管閉塞などが起こる時期に同時に行われる。ただしハエの区切りとは異なり、ここでの体節は前方から1つずつ順番に区切られていくことが知られている（図9-2）。ニワトリやマウスなどの研究から、hairyとよばれる転写因子の周期的な発現量の変動が、体節の周期的な形成に必要であると考えられている。この発現の振動は、体節が形成されたすぐ後方の

9

器官形成：体のパーツはどうやってできる？

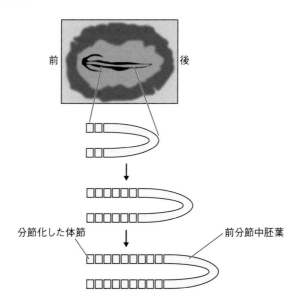

図9-2　ニワトリ胚における体節の形成
原条が前方から後方に移動するとき、原条が通過したあと
の部分に体節が順次形成されていく（図8-11参照）。つまり、
体節の分節化は前方から後方に順に起きる。分節する前の
中胚葉は前分節中胚葉とよばれる。

部分で弱まり始め、その後 Notch-Delta シグナルの関与を経て体節が１つず
つ確定していく[9-1]。

　ここで、沿軸中胚葉を構成する３つの節について説明する（図9-3）。体
を輪切りにした図で考えたとき、沿軸中胚葉はその後 **皮節**、**筋節**と**硬節**に
部域化される（皮節と筋節は**皮筋節**とまとめられることもある）。この部域
化には、体の中央に位置する神経管、そして脊索が重要である。具体的に
は、神経管の背側からは Wnt が、腹側・脊索からは Shh がそれぞれ分泌さ
れ、体節の部域化に影響を与える（図9-3b）。このことは実験的にも証明さ
れていて、部域に分かれる前の体節を取り出してそのまま培養すると間充織

[9-1]　hairy 以外にも *fgf*、*hes*、*tbx* など、体節の形成に関わる遺伝子は多く知られている。

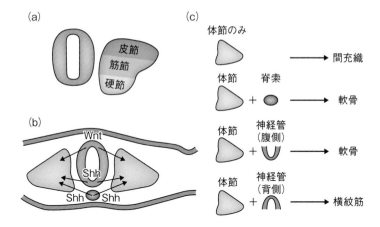

図 9-3　沿軸中胚葉

（a）神経管の横に体節がある。体節は背側から皮節、筋節、硬節に分類される。（b）体節へのシグナルの伝播。神経管背側からは Wnt が、神経管腹側・脊索からは Sonic hedgehog（Shh）が体節に向け分泌され、3つの節の細分化にはたらく。（c）体節の細分化のしくみを調べる実験。未分化の体節を脊索や神経管腹側部と組み合わせて培養すると軟骨に、神経管背側部と組み合わせて培養すると横紋筋に、それぞれ分化する。

細胞となるが、脊索もしくは神経管腹側部と共培養すると軟骨に分化する。一方、神経管背側部と体節を共培養すると、軟骨ではなく筋細胞に分化する（図 9-3c）。

9.1.3　筋肉の形成

　上記のように、筋節が将来の**骨格筋**に分化する。なお、筋組織は骨格筋、心筋、平滑筋に分類されるが、平滑筋は側板中胚葉、心筋は分化初期の心臓における心筋層から作られる（9.1.6 項参照）。骨格筋については、まず筋節の細胞から筋芽細胞に予定運命が振り分けられる。筋芽細胞はもちろん単核である。次に、筋芽細胞が増殖を続けた後、これらのいくつかが細胞融合して筋細胞（筋繊維）が作り上げられる（図 9-4）。従って、できあがった骨格筋の筋繊維は多核である。以上の骨格筋分化においては、*myoD*、*myf5*、*myogenin* が重要な役割を果たす。このうち *myoD* と *myf5*（*myf6* とともに

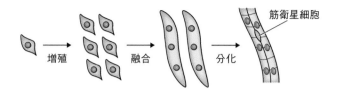

図 9-4　骨格筋の分化過程
筋芽細胞は増殖し、その後融合し、筋細胞へと分化する。
一部は筋衛星細胞として休眠状態となるが、損傷などを受
けた場合に再度増殖をはじめ、損傷を治す。

MRF ファミリーとよばれる）は筋分化においてもっとも初期に発現する遺伝子とされており、実際、筋芽細胞で *myoD* の発現が上昇すると筋分化が進行することが分かっている。一方、*myogenin* は *myoD* や *myf5* よりは後で発現が活性化され、やはり筋分化に重要な役割を果たす。なお、これらのタンパク質はいずれも bHLH ドメイン（☞ 3 章）をもち、二量体として働く。

　できあがった骨格筋は原則として細胞の入れ替わりは起こらず、一生を通して同じ細胞が使われる。ただ、筋繊維を構成する細胞の中に、筋衛星細胞（サテライト細胞）が点在する。この細胞は通常休止状態になっているが、骨格筋が損傷した場合に休眠から覚め、増殖が再開して筋細胞を再生する。筋衛星細胞で発現する遺伝子としては Pax7 が知られている。

9.1.4　腎臓の形成

　腎臓は体中で生成する老廃物を体外に排出するための濾過器官である。腎臓の基本単位はネフロンとよばれる（図 9-5）。ネフロンは腎小体と尿細管から構成される。濾過の器官は腎小体であり、ボーマン嚢と糸球体から構成されていて、糸球体には毛細血管がつながっている。毛細血管を流れてきた老廃物を含む血液は、糸球体に備わっているスリットとよばれる構造から小さい分子量の物質（老廃物、各種イオン、水）を濾過させボーマン嚢にためる。この液体が原尿とよばれるものである。ヒトの場合、一日に濾過される原尿の量は 180 リットルといわれるが、これを 1 つのネフロンで行うことは

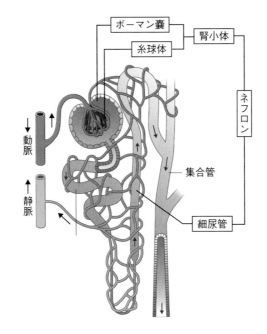

図9-5　ネフロンの構造
ネフロンは腎小体（糸球体とボーマン嚢から構成される）と腎管から構成される。腎管の周囲には毛細血管が張り巡らされる。糸球体で濾過された原尿は、近位細尿管（尿細管）、ヘンレのループ（下行脚と上行脚に分けられる）、遠位細尿管を経て集合管に集められる。

到底不可能である。ヒトの腎臓には、1つあたり約100万個のネフロンが存在するといわれている。このように多数のネフロンをもつことにより、我々の体から生命活動によって生じる老廃物を効率よく濾過することができる。

　さて、器官としての腎臓は中間中胚葉から作り出される。腎臓のイメージは、腰のあたりにある、握りこぶしくらいの丸い臓器だろう。しかし、脊椎動物を考えたとき、あるいはヒトにおいてですら、腎臓はこれがすべてではない。腎臓には、**前腎**、**中腎**、**後腎**の3つがある（図9-6）。発生初期、まず中間中胚葉から前腎という構造が一対できる。前腎は前腎細管と前腎管（**ウォルフ管**）から構成されていて、ウォルフ管が排出腔（膀胱）と連結する。

9

器官形成：体のパーツはどうやってできる？

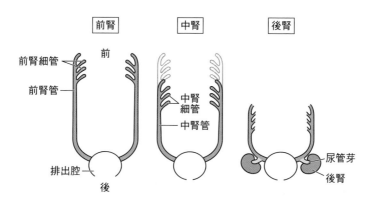

図9-6　前腎・中腎・後腎
前腎は前腎細管と前腎管から構成される。これらがネフロン
1つ分の役割を果たす。その後前腎細管の後方に中腎が作
り出される。さらに排出腔の近辺から尿管芽が分岐して後腎
が形成される（詳しくは図9-7参照）。

前腎細管がいわゆるネフロンに相当するが、数は1つだけである。無顎類に
おいては前腎が成体でも機能するが、魚類や両生類では、発生が進むにつれ
て前腎の後方に新たに中腎という構造が作り出され、前腎は退化する。羊膜
類でも前腎・中腎が作られるものの、後に退化して代わりに後腎が作られる。
これが、我々の知るいわゆる「腎臓」である。

　後腎は、まずウォルフ管が排泄腔の近くで枝分かれを起こし（**尿管芽とい
う**）、間充織に侵入するところから発生がスタートする（図9-7）。尿管芽と
間充織は互いにシグナルを与えあうことで、間充織細胞の凝集が促進され、
尿管芽は管を分岐させていく。このシグナルについて少し詳しく説明する。
間充織からはGDNF（グリア細胞由来神経栄養因子）が分泌されて尿管芽
の成長と分岐が促進され、さらに間充織でWT1が発現して間充織細胞の集
合（将来の糸球体になる）が始まる。またPax2が発現することで、尿管芽
の管腔構造が形成される。次いで、間充織ではWnt4が発現して糸球体の
分化（例えばS字管の形成）が促進される。その他にも、ネフロンの形成・
分化にはFGF2、LIF、TGF-βなどが関わる。

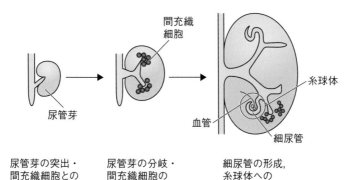

図 9-7　後腎の形成過程

さて、この前腎・中腎の腎管である**ウォルフ管**であるが、単に初期発生時一過的に使われるだけではない。雄においては、ウォルフ管はこの後の分化で**精管**になり、そのまま使い続けられる。一方、雌ではウォルフ管は退化してなくなってしまう。その代わり、ウォルフ管と近接した位置に**ミュラー管**という管状組織が残り卵管となる（後述）。

9.1.5　生殖細胞・生殖腺の形成

生殖細胞は、三胚葉とは別の由来とされている。生殖細胞の最初は PGC（primordial germ cell、**始原生殖細胞**）とよばれる（☞ 3.5 節）。両生類においては、受精後しばらくすると早くも PGC が胚の植物半球において観察される。マウスでは、PGC は**卵円筒**（egg cylinder）の近位側に形成され、尿膜、後腸への移動を経て腎節に近接する**生殖隆起**という領域に到達する。生殖腺は、生殖隆起で分化が進み、その後**生殖堤**となる（図 9-8a）。雄においては、生殖堤から柵状の細胞が間充織に向けて移動し、精巣索を形成する。これが将来セルトリ細胞を含む精細管となり、PGC も取り込まれて精巣となる。一方雌においては、最初に形成された生殖隆起は一度退化し、改めて体腔上皮から卵巣索が作り出され、PGC を取り込むとともに濾胞細胞を形成し、卵巣へと分化する（図 9-8b）。これと並行して、2 本の管腔構造が生

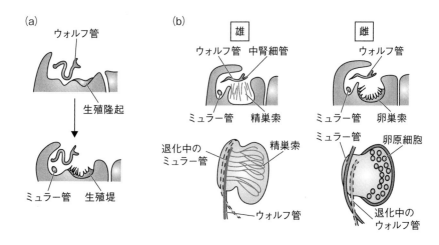

図 9-8　生殖腺の形成過程
　（a）雌雄が分かれる前の発生過程。PGC は腎節の近くにある生殖隆起
に到達し、その後生殖堤となる。（b）左は雄性生殖器官の形成過程。
生殖堤から精巣索が形成するとともに、ウォルフ管が発達する。右は雌
性生殖器官の形成過程。生殖隆起が退化後、体腔上皮から卵巣索が形
成され、PGC を取り込んで卵巣となる。また、ミュラー管が発達して卵
管となる。

じる。これが腎臓の項で触れたミュラー管、ウォルフ管である。ウォルフ管
は前腎管で、雌においては退化するが雄においてはこれが精管となる。一方、
同じく中間中胚葉からできるミュラー管はウォルフ管に沿って生じ、雌にお
いてはこれが卵管、子宮となるが雄では退化する（図 9-8b）。

9.1.6　心臓と血管、血液の形成

　中胚葉の 1 つである側板中胚葉はさらに 2 つの領域、**臓側中胚葉**（内臓板
中胚葉：内胚葉と接触する側）と**壁側中胚葉**（体壁板中胚葉：外胚葉と接触
する側）に分類される（図 9-9、図 9-1 も参照）。心臓もまた中胚葉性器官で
あり、側板中胚葉のうち、臓側、特に前方の臓側中胚葉から発生がスタート
する。側板中胚葉は「側板」という名前が示すように、正中線を対称軸とし
て 2 か所に存在する。一方で、私たちの心臓は 1 つしかない。これはなぜか

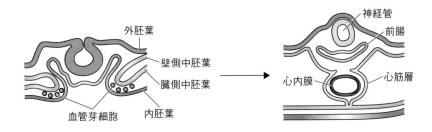

図 9-9　心臓の発生
臓側中胚葉の腹側部 2 か所に予定心臓細胞が出現し、
これが正中線上で融合して管腔構造を形成する。内側
は心内膜、外側には心筋層が作られる。

というと、側方 2 か所に出現した 2 つの心臓原基が正中線に向けて移動し、
1 つに融合するからである。この移動は、細胞が積極的に動くというよりは
胚全体の動きのなかで引き起こされていると思われる。このとき、1 か所に
融合した予定心臓細胞は内皮性の管腔構造を形成し、さらに、管の内側が**心
内膜**（endocardium）、外側が**心筋層**（myocardium）と 2 層の構造となる。

　心臓は当初 1 本の管状構造をとっているが、その後すぐに X 字のような
形態となる。前方の分岐は大動脈（の心臓に近い部分）と心臓の流出路、つ
いで右心室・左心室、後方の分岐は左右心房である。その後この管状構造は
ルーピングし、心室の区切り、動脈のつなぎ換えなどを経て、最終的には
心臓らしい袋状の構造となる。なお、心臓の流出路（上記）は神経堤に由
来することも知られている。心臓形成とシグナル・遺伝子の関係について
であるが、まず心臓原基は、胚内で Wnt シグナルが抑制され（この抑制も
cerberus や dkk による（☞ 7 章））、一方で BMP シグナルは抑制されて
いない部域に形成される。これらのシグナル経路の影響を受け、心臓原基に
おいてもっとも最初に発現する遺伝子は Nkx2.5、GATA4、Tbx5 などである。

　血球・血管系もまた、内臓板中胚葉から発生がスタートする。中胚葉の
間充織細胞の一部が細胞の集合体を作る。これが**血液血管芽細胞（ヘマン
ジオブラスト）**である。この形成に関わる因子として、**VEGF**（vascular
endothelial growth factor）が知られる。ヘマンジオブラストは間充織か

ら上皮に転換され（**間充織‐上皮転換、MET**［mesenchymal-epithelial transition］ともよばれる）、管腔構造を作っていく。心臓の前方が動脈（大動脈弓）とつながるように腹側大動脈を形成し、背側の大動脈につながるように形成し、最初の血管の配置が決まる。大動脈弓は発生が進むと6対の分岐をもつようになるが、その後減って3つ（うち1つは片側のみ残存）となり、前方からそれぞれ頸動脈（第3）、鎖骨下動脈・大動脈弓（第4）、肺動脈（左第6）となる。管腔構造はさらに分岐を繰り返していき、体内の血管ネットワークを構築していく。毛細血管についても、ヘマンジオブラストの一部がさらに血島とよばれる凝集塊を形成する。その外側が突出と融合を繰り返し、網目状構造となっていく。

　血液となる細胞（血液幹細胞）がどこから発生するかについては、歴史的には紆余曲折があった（例えば胚体外中胚葉から生じるとされたこともある）ものの、最終的にはヘマンジオブラスト、つまり大動脈の腹側近辺から生じる、ということでよさそうである。造血幹細胞の形成には *Runx1* 遺伝子が働く（☞10章）。

9.2　内胚葉性器官の発生と分化

9.2.1　消化管の形成

　臓器といえば消化管を連想するように、消化器系に属する器官はもっとも人体の中ではなじみがある割には、直接見たことは少ない。両生類では、初期発生における原腸形成によって体の内部に作り出された空洞部分が消化管の最初である（☞7章）。一方、ニワトリの場合、内胚葉は原条から胚盤葉の内腔に落ち込んだ細胞が管腔状構造を形成して消化管のもと（前腸部）を形成する。この管状構造は、中胚葉とともに前方から後方に向けて引き延ばされるように変形する。胚盤葉の後方でも同様の変形が生じて後腸部が形成され、両者が融合して腸管となる。なお、腸管は最初腹側が閉塞していないが、発生の過程で閉塞する。また、この過程で臓側中胚葉は腸管を覆うように配置され、腸間膜となる。マウスは類似点もあるがもう少し複雑で、エピブラストの外側に位置する臓側内胚葉が胚体内胚葉となり（この時点では

まだシート状）、これが内部に取り込まれるように移動して腸管を形成する。

　発生の進行とともに、消化管は細分化され、食道、胃、十二指腸、小腸、大腸の区別がつくようになる。この細分化にはやはり様々な遺伝子の部位特異的な発現が重要な役割を果たす。例えば、Six2 や Sox2 は食道で、Pdx1 は後部前腸 ― 前部中腸で、cdxA は中後腸で発現して消化管の部域化に寄与する。また、前後軸に沿った Hox の発現は消化管をとりまく臓側中胚葉由来の間充織で見られ、中胚葉そのものだけでなく相互作用を介した腸管の部域化にも関わると考えられている（図 9-10）。

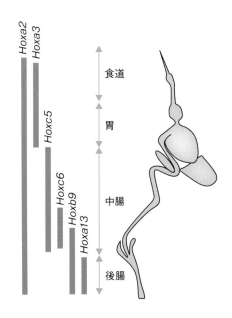

図 9-10　消化管の部域化と Hox 遺伝子群の発現
　消化管は食道、胃、中腸、後腸と部域化が進む。
　この部域化には前方から後方にかけて特異的に発
　現する Hox 遺伝子が関わっている。

9.2.2　肺の形成

　肺もまた内胚葉器官であるが、中胚葉細胞（間充織）も器官の一部となる。脊椎動物がもつ一対の肺は、消化管のうち咽頭部の一部の領域（**肺芽**、あるいは**呼吸器憩室**という）から生じる（図9-11）。肺芽はその後尾部に向けて伸長し、その先端部に左右一対の気管支肺芽（主気管支）を作る。興味深いことに、この次の枝分かれ（二次気管分岐）の数は左右で異なっており、左側に2つ、右側に3つの二次気管支を形成する。このような違いが生じるのは、心臓の配置（体の中央左寄りにある）と関係があるのかもしれない。なお、この左右非対称性は左右軸（☞5章）の影響によって生み出される。その後気管支はさらに分岐を続け（分岐回数は23回といわれる）、また気管支は周辺に位置する間充織とも相互作用することで（このとき、気管支からはNkx2.1が発現し、相互作用する間充織ではTbx4が発現する）、分岐の末端に薄い上皮組織を有する肺胞を作り出す。胚の形成には、臓側中胚葉から分泌されるFGF10が必要である。

　なお、ショウジョウバエには肺がなく、代わりに気管（**トラキア**）が体中に張り巡らされている。このトラキアは、胚の時期に生じる2×10列の細胞群（**プラコード**とよばれる：神経のプラコードと混同しないように注意）から作り出される。プラコードはまず袋状構造を作り、それが分岐を何度も

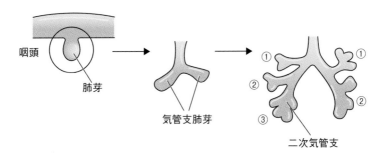

図9-11　肺の発生
　咽頭部の後方に肺芽が出現し、伸長する。次に気管支肺芽が一対形成し（一次気管支）、さらに体の左側（図では右側）には2つ、体の右側（図では左側）には3つの二次気管支ができる。

繰り返すことで細い管腔構造を作りだし、さらには別のプラコードから伸長した管と融合することで、最終的には気管のネットワーク構造が構築される。この分枝構造の形成にはヒトやマウスと同様、FGF リガンドが関わっている。

9.2.3 肝臓の形成

肝臓は**前部前腸**（**憩室**とよばれる）が分岐して形成される。このとき、憩室は予定心臓細胞と相互作用することが肝臓形成に必要であることが知られている。具体的には、予定心臓細胞から分泌される BMP4、FGF10 が関与することが示唆されている（**図 9-12**）。こうしてできた肝芽は増殖を進めるとともに、中胚葉（大動脈・性腺・中腎領域）から流入してきた造血系細胞により、一定の期間は造血器官としても機能する。その後造血機能は失われ、代謝機能を獲得していく。門脈、肝動脈などは肝臓の原型ができた後に発達し、肝臓内の血管系を構築する。**胆管**および**肝実質細胞**（肝臓においてエネルギー代謝など肝臓の主要な機能を担う細胞）の形成は門脈と関係があり、門脈からの誘導を受けた肝芽細胞は胆管、それ以外の細胞は肝実質細胞となる。

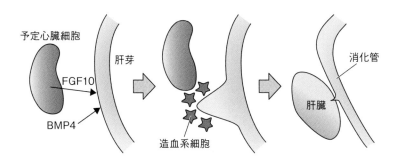

図 9-12　肝臓の発生
前部前腸（食道などを含む領域）から分岐した肝芽は、予定心臓細胞と相互作用し、さらに造血系細胞も参加しながら肝臓が形成される。

9

器官形成：体のパーツはどうやってできる？

9.2.4　膵臓の形成

　膵臓も他の内胚葉性器官と同様、消化管（後部前腸）から分岐して作られる。膵臓はまず、消化管（後部前腸、十二指腸の部分）の背側、腹側2か所から分枝状構造を生じる（図9-13）。これが**膵芽**である。背側の膵芽は脊索と接触する部分から、腹側の膵芽は原始的な肝臓と隣接する領域から形成される。膵芽は背側の方が腹側より大きい。両者は互いの方向に伸び、やがて

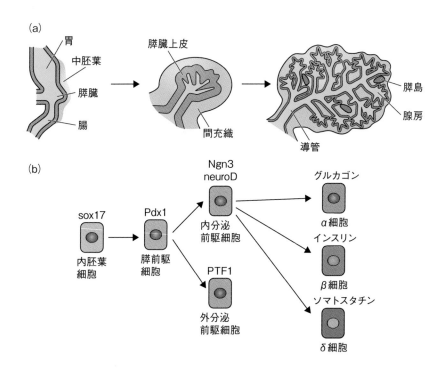

図9-13　膵臓の発生

　（a）後部前腸（胃や十二指腸などを含む領域）から分岐した膵芽は、周辺の中胚葉と相互作用することで膵臓上皮と間充織ができ、分岐を繰り返して腺房を形成するとともに（分岐の基部は導管となり十二指腸とつながる）、間充織に囲まれる形で膵島が形成される。（b）膵臓細胞の段階的な分化過程。内胚葉から膵前駆細胞、内分泌・外分泌前駆細胞となる。各段階の細胞分化に必要とされる遺伝子をそれぞれの細胞の上に示している。なお、内分泌細胞はさらにα、β、δなどの細胞に分化が進み、それぞれのホルモンを分泌するようになる。

融合する。膵臓には異なる大きな2つの役割がある。1つは消化酵素の分泌、もう1つは血糖値を調節するホルモンの分泌である。前者は外分泌細胞、後者は内分泌細胞による。外分泌細胞は**腺房細胞**ともよばれ、膵臓全体の多くの部分を占める。内分泌細胞は小さい集団を形成し、これを**膵島（ランゲルハンス島）**とよぶ。加えて膵臓には膵管が作られ、腺房細胞から分泌された消化酵素を十二指腸に放出する。

図 9-13b のように、膵臓はいくつかの段階を経て分化が進行するが、それぞれのタイミングで必要な遺伝子がいくつか知られている。転写因子 Pdx1 は、膵前駆細胞（膵芽）の形成に必須な遺伝子であるとされている。その後、膵前駆細胞外分泌細胞への分化は転写因子である PTF1 の発現が必要である。一方、膵島（内分泌細胞）への分化には Ngn3、neuroD などが働く。内分泌細胞はさらにグルカゴンを分泌する α 細胞、インスリンを分泌する β 細胞、ソマトスタチンを分泌する δ 細胞などに分化する。

9.3　その他の器官

9.3.1　脊椎動物の四肢

魚類を除く脊椎動物の多くは四肢をもつ。四肢の発生は、タイミングの違いこそあれ、初期胚の基本的なパターンがある程度作り上げられてからである。

哺乳動物においては、四肢は側板中胚葉の一部である壁側中胚葉から発生する（図 9-14）。正しい位置に四肢を作るためには、当然ながら前後軸に沿った位置情報も重要であり、これはすでに形成された体節（somite）からの情報によるとされている。このシグナルの実体の1つは FGF である。こうしてできた四肢の前駆体（肢芽）は、体の正中線と逆側に伸長を始める。このとき、肢芽には極性が生じる。肢芽の極性の決定には、2つの重要な領域がある。1つは **AER**（<u>a</u>pical <u>e</u>ctodermal <u>r</u>idge：**外胚葉性頂堤**）であり、「付け根（基部）」に対する「先端（頂端）」を決めるための情報を与える。このシグナルは上述のとおり FGF である。もう1つは **ZPA**（<u>z</u>one of <u>p</u>olarizing <u>a</u>ctivity：**極性化活性帯**）である。ZPA は肢芽の後方の付け根のところに

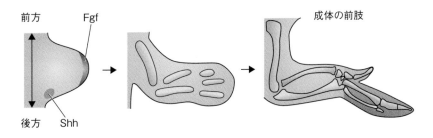

図 9-14　脊椎動物の四肢の発生
肢芽において、前方後方の位置情報をあたえる ZPA（Shh が強く発現）、頂端—基部の位置情報をあたえる AER（Fgf が強く発現）が極性形成に重要である。これらの位置情報に基づき、骨が作られ、脚の形ができあがっていく。

位置する領域で、これが肢芽の前後軸（後方であること）を決める。実際、ZPA を肢芽の前方に移植すると、後方の構造が前方に生じ、鏡像対称の肢となる。この ZPA の活性の正体は sonic hedgehog（Shh）であり、その制御により Hox 遺伝子の発現が誘導される。

9.3.2　節足動物の肢

　節足動物の肢の発生として、ここではショウジョウバエの例について説明する（図 9-15）。ショウジョウバエの肢は、脊椎動物の肢と違って中空であり、また節状の構造である。ショウジョウバエの肢は幼虫には存在しないが、幼虫の内部には**成虫原基（肢原基）**が形成され、これが成虫の肢になる。ただし、肢原基は成虫肢のように長細くなく、はじめは円盤状の構造である。これが蛹期において、カメラの三脚の脚を伸ばすように変形する（肢原基の中央が肢の先、外側が肢の付け根になる）ことで、平らな構造から肢らしい細長い構造となる。従って、正しい肢の形を作り出すためには、円盤状構造である肢原基の前後・背腹軸と、中央から辺縁部にかけての位置情報、そしてそれに従った同心円の区域化が重要となる（図 9-15）。まず肢原基の前後軸については、セグメントポラリティー遺伝子である hedgehog（hh）、engrailed（en）、そして decapentaplegic（dpp）が前後軸の規定に関わる。一方、遠

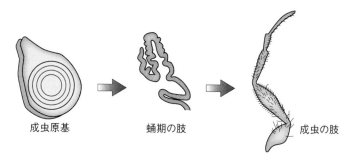

成虫原基　　　　　蛹期の肢　　　　　成虫の肢

図 9-15　節足動物の肢の発生
幼虫の中に存在する成虫原基の１つである肢原基は円盤状で、
そのなかに同心円状の構造が見られる（左：上から見た図）。
この部分が蛹化後、徐々に円盤から飛び出すように成長し（中：
これは横から見た断面）、成虫の肢となる（右）。

近軸は wingless、dpp、FGF などの発現によって規定され、これらの情報
に基づいて様々な転写因子の発現が制御され、正しい同心円状の発現を生み
出して付属肢の節状構造を作り出す。

9

器官形成：体のパーツはどうやってできる？

10章 細胞分化と幹細胞、そして再生

　9章までは、主に、卵がどのようにして複雑な個体の形を形成していくか、いわば動物の個体という「家」の作り方を説明したことになる。しかし家ができただけでは、がらんどうの部屋が準備されたにすぎない。それぞれの部屋に家具や道具を備えて、初めてすみかとして成り立つ。この章では、細胞という部屋に道具を備える、つまり細胞が分化する、とはどういうことなのかを説明する。また、逆に、分化していない細胞とはなにか、さらには組織の再生に関することにも触れる。

10.1　細胞の「分化」

　これまでの発生過程を要約すると、胚が発生していく中で、胚の各部分に割り当てられた基本パターンに従って各細胞の予定運命が決まり、細胞運動や細胞群の協調的な運動・変形によって胚の形状は体内も含め複雑化していく、ということになる。ここまで来たところで、いよいよそれぞれの細胞は機能を果たすために様々な遺伝子を発現し、必要なタンパク質を生産し始める。この一連の流れを**細胞分化**とよぶ。細胞分化は発生がある程度進行し、特に予定運命が決まった細胞のおおよその配置が決まってから進行する（もちろん、完全に分離はされておらず、分化もある程度並行して進む）。パターニングのところで何度も説明したように、正しい個体の構築には正しい細胞配置が必須であるが、それを行うのは決して簡単ではない。そのため、細胞の配置や移動と分化はなるべく別々のタイミングで行われるわけである。

　人間の体の場合、細胞種は数百といわれているが、このような多様性に富む細胞が作り出される根拠は、3章でも少し触れたように、発現する遺伝子の違いである。この違いは、遺伝子の「種類」の違いだけではなく、それぞれの遺伝子の発現「量」、そして「いつ」発現するかという時間的な違いも

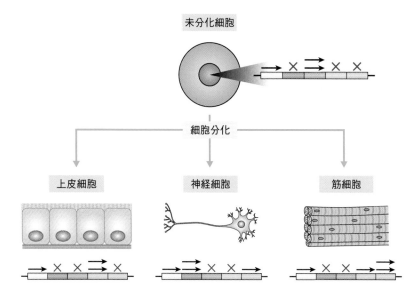

図 10-1　細胞分化と遺伝子発現
ここでは簡略化のため、細胞に存在する5つの遺伝子（色分けされた四角で示す）の発現について考える。黒矢印は遺伝子が発現していること（2つあるのは発現量が多いことを示す）を、赤い×は遺伝子が発現していないことを示す。図のように、未分化細胞と、分化した上皮細胞・神経細胞・筋細胞を比べると、それぞれ異なる遺伝子が発現し、細胞の特徴付けが行われている。

含む。つまり発生過程において、すべての細胞が同じセットをもつ遺伝子は、細胞によって、そしてタイミングによって発現していたりしていなかったりする（図 10-1）。これと関連して、細胞の分化は未分化状態から1回でいきなり終わるのではなく、通常は分化途中の段階を経る。

10.2　幹 細 胞

　細胞の分化が進むと、可塑性、つまりその細胞が他の役割を果たしたり、他の種類の細胞に変換したりすることはほぼなくなり、自分に与えられた機能を全うするようになる。このことを説明する上では、ウォディントン（Conrad Hal Waddington）の「運河化モデル（もしくはランドスケープモ

デル)」がたびたび登場する。では、体はすべて完成してしまい、可塑性が
まったくないという状態で大丈夫なのだろうか。例えば、皆さんが歩いてい
て転んでしまい、膝を擦りむいたとしよう。もし体に可塑性がないと、傷は
一向に治ることなく、一生血を流し続けなければいけない。しかし、実際に
はそうではなく、膝の傷は時間が経てば修復されて元に戻る。スポーツで靱
帯を損傷した、といった場合も同様である。このように生物には、普段休眠
しているものの非常時に活性化して増殖し、改めて必要となる細胞を作りだ
すしくみがある。また発生直後の胚から得た細胞は、ある条件で培養するこ
とで、未分化な状態を維持したまま増殖させることができ、別の処理をする
ことで改めて分化を進めることができる。以上のような細胞を**幹細胞**（stem
cell）という。以下に幹細胞の定義と特徴を説明する。

　まず幹細胞の定義として、「可塑性」「多分化性」「自己増殖性」の３つが
挙げられる。可塑性と多分化性は似た意味を含むが、前者は分化していない
（分化がその時点で決められていない）という性質、後者は複数の細胞にな
れるという性質、と考えてよいだろう。つまり、分化していない状態でも、
その後１種類の細胞にしかなれないものは幹細胞とはよばない。見落としが
ちなのは自己増殖性で、増殖能のない細胞はたとえ可塑性と多分化性をもっ
ていても幹細胞とは定義されない。

　最初にも少し説明したように、幹細胞はいくつかの種類に分けられ、それ
ぞれ性質も異なる（図 10-2）。もっとも多分化性が高いのは卵そのものであ
るが（全能性：totipotent という）、ごく初期の胚（胞胚／胚盤胞）から分
離した細胞を、未分化性を保ったまま増殖できるようにした細胞が**胚性幹
細胞**（embryonic stem cell、**ES 細胞**）である。胚性幹細胞は、すべてでは
ないが体を構成するほとんどの種類の細胞に分化でき、これを多能性をもつ
（pluripotent である）という。幹細胞は卵だけでなく成体の中にも存在する。
これを**成体幹細胞**（adult stem cell、**組織幹細胞**：tissue stem cell ともいう）
という。すでに説明した、皮膚の傷を治す細胞も成体幹細胞の１つである。
成体幹細胞にはいくつかの種類がある。上皮幹細胞は、体にある様々な上皮
（消化管や皮膚など）に存在するので、さらに分類が可能である。他にも、

胚性幹細胞

成体幹細胞
- 上皮幹細胞（消化管，皮膚など）
- 神経幹細胞
- 筋幹細胞
- 血液幹細胞
- 骨芽細胞　など

図 10-2　幹細胞の種類
大きく分けて胚性幹細胞と成体幹細胞に分けられる。成体幹細胞には様々な種類がある。

神経幹細胞、筋幹細胞（9 章で述べたように、骨格筋の幹細胞は筋衛星細胞とよばれる）、血液幹細胞、骨芽細胞（骨の幹細胞）など、様々な幹細胞が存在する。成体幹細胞は胚性幹細胞と異なり、分化できる細胞の種類がある程度限られている。例えば、特殊な処理をしない限り、神経幹細胞から消化管が作られることはない。

10.3　胚性幹細胞（ES 細胞）

ES 細胞として細胞株が最初に樹立されたのは 1981 年、マウス胚由来の ES 細胞である。先述のとおり、ES 細胞は胞胚の一部である内部細胞塊とよばれる細胞を取り出して作られる。ただし、ただ取り出して培養するだけでは自律的に分化が進行してしまい、幹細胞の状態が維持できない。そのため、培地中に未分化性を維持するための試薬（例えば白血病抑制因子［leukemia inhibitory factor, LIF］）を添加しておく必要がある。また、当時は ES 細胞だけで生存を維持させることも難しく、マウスの繊維芽細胞（MEF）をフィーダー細胞としてまず培養皿に播種し、その上に ES 細胞を播種して維持することが必要であった（図 10-3）。

マウス ES 細胞は、すぐに器官再生に用いられたというよりは、ノックアウトマウスの作出に用いられた（☞ 4 章も参照）。内容が重複するが、ここでもごく簡単に説明する。着目する遺伝子を用意し、一部を改変しベクター

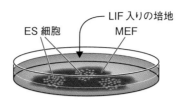

図 10-3　ES 細胞の培養
ES 細胞は LIF（白血病抑制因子）が添加された培地
を用い、栄養を供給するフィーダー細胞としての MEF
（繊維芽細胞）の上で培養される（近年では MEF を
使わずに培養する方法も用いられる）。

に連結して ES 細胞に導入すると、いくつかの ES 細胞では相同組換えが起こり、細胞がもつゲノムの（着目する）遺伝子が改変される。この細胞を卵に戻すと、もとの内部細胞塊と混ざったまま発生が進むため、体の一部の細胞が改変された遺伝子をもつことになる。しかし、本当の狙いは生殖細胞の遺伝子改変で、何回かの掛け合わせにより、体すべての細胞の遺伝子が改変された個体を得ることができる。

　再生医療（🖙 12章）に用いるためにはヒトの ES 細胞を樹立することが必要であるが、マウス ES 細胞の樹立法をそのまま適用しても未分化性を保つことができないことから、ヒト ES 細胞の樹立までには時間を要した。ヒト ES 細胞は 1998 年に樹立され、そこからは様々な臓器への分化が試みられた。ES 細胞の特徴は高い多分化性であり、前述のとおり成体幹細胞よりも分化可能な細胞の種類は多い。このことは、ES 細胞をマウスなどの個体に移植すると、様々な分化細胞が混在した腫瘍である**テラトーマ**（奇形癌腫）が形成されることで示される。テラトーマは、移植により特定の分化方向が示されない ES 細胞が、それぞれまちまちの方向に分化していることを反映している。

10.4　クローン技術と核の初期化について

　ヒト ES 細胞の樹立により、ES 細胞から様々な細胞を分化して医療に応用する研究が劇的に進むようになった。その中で、まず問題になったのは移

植時の**免疫拒絶**である。ヒト ES 細胞の樹立は、通常は患者ではない他のヒ
トの受精卵を用いて行われる。そのような細胞は、通常の臓器移植と同様、
免疫拒絶の問題が生じる。さて、これを回避するため、患者由来の ES 細胞
を使わないのであれば、逆に ES 細胞の遺伝情報を患者のものに変更するし
かない。つまりクローン胚由来の ES 細胞樹立が必要である。

　クローン胚作出技術そのものは、1950 年代にアフリカツメガエルを用い
て行われた。まず、初期幼生の体細胞から核を抽出し、これを未受精卵に移
植する。次に、ある刺激を与えることで発生が始まり（二倍体ゲノムをもつ
ので、単為発生ではない）、同じ遺伝型をもつ個体を作出することができる（図
10-4）。体色が白い、いわゆるアルビノ胚と通常胚（体色が濃い）を用いて
この方法を樹立したガードン（John Gurdon）博士は、山中伸弥博士ととも
にノーベル生理学・医学賞を受賞した。この実験において留意すべきことは、
体細胞核は、発生段階がなるべく若い細胞から得た方が実験の成功率が高い
ということである。体細胞核に含まれる染色体は、初期発生を進めることが
できるという点でエピゲノムの情報も初期化されているとみられるが、以上
の事実から、なにかしらのゲノム状態は核を取得したときの発生段階（ある

10

細胞分化と幹細胞、そして再生

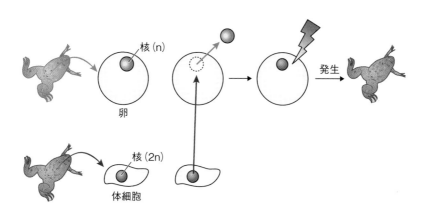

図 10-4　クローン動物の作出
　ある個体（青色）の卵から核を摘出し、別の個体（赤色）の体細胞から
得た核を移植したのちある刺激を与えると、発生がスタートし、赤色の
個体由来のゲノムをもつクローン個体を作出することができる。

いは年齢)を反映していることが示唆される。その1つは細胞のテロメア(真核生物の染色体の末端に存在する領域) の長さである。一般にテロメアは加齢が進むにつれて短くなっていくため、実年齢（この場合は卵の）とゲノム状態が不一致の状況が生まれ、クローン作出効率にも影響を与えているのかもしれない。

　哺乳類のクローン生物については、知っている人も多いと思われるクローン羊「ドリー」が1996年に誕生した。これも体細胞から核を抽出して未受精卵に移植する方法がとられた。その後もマウス、ブタ、ネコ、イヌなど様々な哺乳動物のクローン生物が作出され、2018には中国においてクローンサルの作出にも成功している。ちなみに2013年、ヒトクローン胚の作出にも成功したとされたが、現時点ではその主張は却下され、2022年現在、クローン人間はできていないと考えるのが妥当である。

　もしクローン技術が確立すれば、移植治療に用いる細胞として自分の遺伝情報をもつ細胞を使うことができるし、それ以外にも様々な利用、例えば他の動物種であれば遺伝的に肉質のよい牛だけ、あるいは足の速い馬だけを選択的に作出する、といったことも可能である。ただ、クローン動物にはいくつかの問題点がある。その1つは上述したテロメア長で、クローン動物の寿命の短さはドリーの作出後まもなくして指摘された。またクローン細胞では、核を取得したもとの細胞の種類が異なっていると、ヒストンやDNAメチル化といったエピゲノムの状況が異なるため、遺伝情報が同一であるにもかかわらず表現型が異なることがある。もっとも有名な例はクローン猫で、毛の色はエピゲノム制御を受けているため、同じクローン猫であっても、毛色はまったく異なる場合があることが知られている。

10.5　iPS 細胞（人工多能性幹細胞）

　マウスES細胞を用いた分化研究は国内外で精力的に進められた。一方、ヒトES細胞については、応用技術の発達による社会への貢献と同時に起こりうる、悪意ある使用によるリスクを排除するため、様々な法令によって使用が厳しく制限されている（☞ 11.7.2 項）。また、すでに述べた免疫拒絶

の問題、ヒトES細胞樹立の際の受精胚使用に関する倫理的問題[※10-1]から、ES細胞を人工的に作り出すこと、つまり体細胞の「初期化」を試みる研究が、2000年代初頭から始まった。

　胚性幹細胞を人工的に作り出す試みは、幹細胞の未分化性を維持するために重要な遺伝子を捜す研究と相まって進められたが、単純に1つの遺伝子を過剰発現させるだけでは難しかった。そのような中、ES細胞と分化細胞の比較によりES細胞の方で発現量の多い複数の遺伝子を探索することを足がかりとして、24種類の遺伝子を体細胞（最初は繊維芽細胞）に同時に導入するという方法によって人工多能性幹細胞発見の突破口が開かれた。その後、4つの遺伝子の導入だけで、分化細胞を初期化し、ES細胞様の細胞を誘導することが可能となった。これが**iPS細胞**である。当初は4つの遺伝子をウイルス（レトロウイルス）によって細胞がもつゲノムに挿入することが必要であったが、その後の改良によって、エピソーマルベクターという非ウイルス性ベクターを用い、ゲノム挿入なしに遺伝子を発現させる手法を用いることでもiPS細胞の誘導が可能になっている。さらには、タンパク質を使う方法、化合物を使う方法なども開発されている。

10.6　再生：細胞の脱分化と再分化

　「再生」という言葉は、再生医療との関連で臓器再生（幹細胞から）のような使われ方もするが、もともと生物学においては、失われた体の構造（四肢や尾、あるいは水晶体など）が個体内で再度作り出される現象を指す。例えばトカゲやイモリの尾や四肢は、切断された後に元どおりに再生が可能であるし、プラナリアでは、体の相当部分の再生が可能である。逆に哺乳類では、四肢や指などの再生もほとんど起こらない。このような背景から、再生はどのようにして起こるか、そしてヒトなど哺乳類との再生能力の相違点は何かを探る研究が広く行われている。

※10-1　実際には一度ES細胞を樹立してしまえば新たに胚を使用する必要はない。

10.6.1　プラナリアの再生

　体の部分でもっとも大きな領域が再生できる例としては、プラナリアが知られる。プラナリアは扁形動物門に属し、体制としては三胚葉をもち、比較的簡単な構造ではあるが、神経系と感覚器、消化管などを有していて個体の前後方向がはっきりしている（後述する再生の概略にとっても重要な点である）。

　プラナリアの再生能を簡単に説明する。まず、個体を前後半分に切断すると、前方（頭部）の半分の切断面に再生芽（再生の起点を指す）が生じ、後方（尾部）の形態ができあがって完全な個体となる（図10-5）。この再生は、体全体に存在する**ネオブラスト**とよばれる一種の幹細胞の増殖による。同様に、切断された後方部も失われた前方部が再生し、結果的に切断された個体から2つの再生個体ができる。ここで重要な点は、再生により喪失した部分を正しく生み出せていることである。上記の点と併せ、再生芽は自らが単に細胞を増やすのではなく、ネオブラストの増殖によって増えた細胞を取り込み、極性（喪失部）を決定することに寄与している。ただ、中央部を輪切りのように切断したときは、完全な個体が生じずに双極個体（両端が前方構造あるいは後方構造となる個体）となる。この事実から、切断面そのもの、あるいはその場所が体軸の方向を認識しているというよりは、遠方からくる何らかのシグナルを感受することによって体軸を決めているのかもしれない。

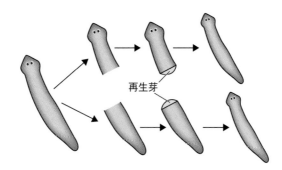

再生芽

図10-5　プラナリアの再生
　プラナリア個体を中央部で切断すると、前部、後部それぞれの切断面に
　再生芽が現れ、失われた部分が再生して両者ともに再生個体ができる。

10.6.2　両生類の四肢などの再生

　カエルのような無尾両生類では、特に変態後は四肢の再生能力は高くない。一方で、有尾両生類では成体の四肢も切断後の再生が可能であることから、四肢再生のモデルとして研究が広く行われている（図 10-6）。まず、肢が切断されると、切断面に上皮細胞が移動して創傷部位を包み込み、さらにその内部に未分化細胞の集団からなる再生芽ができる。再生芽は増殖を進めた後、遠位に向けて伸長を始める。再生芽では **FGF**（**繊維芽細胞成長因子**：fibroblast growth factor：コラム 3-1 ②「RTK シグナリング」で触れたリガンドの FGF と同一）が発現し、これが再生芽の増殖に関係する。ただ、実際にどの細胞が脱分化して再生肢のもとになっているかは、プラナリアのネオブラストのようにはっきりとはしていない。ともかく、再生芽は軟骨、筋肉などに分化する（図 10-6a）。また、脱分化した再生芽細胞はもともとの細胞の記憶をもっているかというと、これは種によって異なるようで、イモリの再生芽は均質な未分化細胞の集団で、もともとの細胞の記憶はもっていないようであるが、アホロートル（いわゆるウーパールーパー）はもともとの細胞系譜の細胞に（例えば筋肉だった細胞は筋肉に）なるようである。

　再生芽からの四肢再生にもう 1 つ重要な点がある。それは神経である。再生芽の成長には神経が必要であることが分かっている。実際イモリ肢の再生において、あらかじめ肢から神経を除去した肢は、切断後再生芽はできるが正しい肢が再生されない。

　再生芽は増殖を続け細胞数を増やすだけでなく、位置情報も獲得して正しい形の四肢に成長していく。実際、正常な四肢発生の際に発現する *Hoxd*、*Hoxa* 遺伝子の発現は、成長する再生芽においても見られる。おそらく、近位 – 遠位の位置情報については、切断面が関係していると思われる。それについての興味深い古典的な実験がある。イモリの前肢を切断したあと、切断面を体幹部と縫合する（肢は 2 か所で体とつながる）。このループ状の肢の中間部を切断すると、体幹から 2 本の肢が出ている状態となる。これらの肢はどのように再生するか。答えは、2 本とも遠位部が再生される（図 10-6b）。この結果は、本来の肢がもつ近位 – 遠位の位置情報ではなく、切断面

10

細胞分化と幹細胞、そして再生

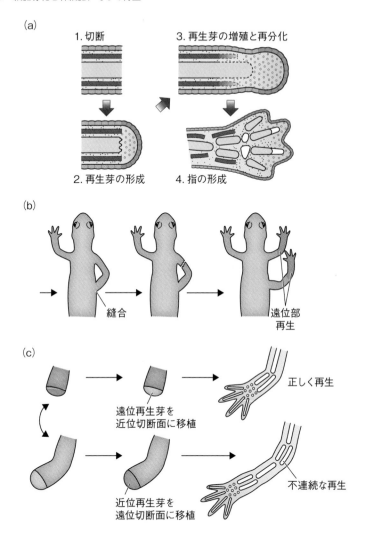

図 10-6　両生類の四肢再生
（a）有尾両生類の四肢再生。肢の先端部を切断すると、再生芽が形成される。再生芽は増殖して再分化し、やがて指が形成されて完全な肢が再生される。（b）イモリ肢の切断・縫合実験。体幹部で縫合された切断肢の遠位部は、遠位部ではなく近位部となり、新たに遠位部が再生される。（c）介在挿入再生。再生芽を近位部で切断し、そこに遠位再生芽を移植すると、ギャップを埋めるように再生が起こる。逆に、遠位で切断した切断面に近位再生芽を移植すると、正しい位置情報ができず、不連続な再生が起こる。

を遠位側とみなして肢が再生されることを示唆している。この原則は、実は他の脊椎動物、さらには節足動物の四肢再生にあてはまる。

　さらに再生における重要な実験がある。これは**介在挿入再生**とよばれるもので、再生芽の遠位部を取り出し、近位部で切断した切断面に移植すると、おそらくは基部がギャップ部分を生み出すことで、再生肢は正しく作られる。一方、再生芽の近位部を取り出し、これを遠位で切断した切断面に移植すると、再生肢のパターンが乱れ、近位−遠位に沿ったものではなくなる（図10-6c）。これはおそらく、近位から取り出した再生芽は、遠位部に対して近位構造を誘導できないことを示唆している。再生に関する実験的な事実は他にも様々あり、再生時における位置情報の形成メカニズムについて一定の理解が進んでいる。

　以上は有尾両生類における四肢再生の例であるが、無尾両生類も、変態前の幼生においては四肢・尾部の再生が可能であることが知られている。両者の違いと類似性が生じる根拠については、今後のさらなる研究が期待される。

10

細胞分化と幹細胞、そして再生

11章 再生医療
：発生生物学の応用

　9章までは発生生物学の基礎について記述し、10章では幹細胞のことに触れた。これらを踏まえ、この章では発生生物学で得られる知見が具体的にどのように活かされているのかについて説明する。さらに、そのような生命科学の進歩の裏にどのような問題が潜んでいるかについても触れておきたい。これは、昨今様々な理由によって、マスコミの報道が再生医療の「表」の部分のみをクローズアップしているということを理解してほしいという意図もある。

11.1　臓器移植の現状

　私たちが病気になったとき、どのようにして治療するかというと、まずは投薬治療であろう。しかし、薬での治癒が難しい場合、外科手術によって治療を行う。手術のタイプもいくつかある。がんなどのように、病巣を体から切除する手術、血管カテーテルのように、不具合な部分を取り除かずに修復することで治癒を目指す手術もある。一方、機能不全になった臓器は、取り除きたくても取り除くことができない場合が多い。そのような場合に行われるのが臓器移植である。どのような臓器が移植治療されるかというと、運転免許証やマイナンバーカードなど、様々な証明書の裏に書かれているリストを見るのが早いかもしれない。現在は、腎臓をはじめ、心臓、肺、肝臓、膵臓、小腸、眼球が移植対象となっている。これらの臓器を提供するドナーは、脳死、および心臓死の人となっている（もちろん肝臓移植のように生きている方から移植が行われる場合もある）。しかし、現在の提供希望者数に比べ、実際に移植治療を受けることができる人の割合は非常に低く、特にもっとも提供希望者の多い腎臓移植については、希望者の10%にも満たない。この理由は、やはりドナー不足がもっとも大きい。もちろん、ドナーを増やす努力は社会

的にも様々に行われているが、この現状は大きくは改善されていない。

11.2 試験管内での細胞分化

上記の問題を解決する手段の1つとして、幹細胞から必要な細胞を分化させ、これを移植して治療に役立てるという**再生医療**が挙げられる。すでに述べたように、様々な種類の幹細胞（☞ 10 章）から目的の細胞を作り出すことが可能であり、広く研究が進んでいる。現在の分化法の主流は、幹細胞に様々な試薬を決められたタイミングで順次添加していくことで、求める細胞に分化させるという方法である。この方法はもともと、中胚葉誘導活性をもつ物質であるアクチビンを用い、両生類の外胚葉片から様々な分化をうながす試験管内分化法として研究が行われ、それをヒトやマウスに応用した方法である。つまり、ヒトやマウスに限らず、様々なモデル生物によって明らかになった初期発生や器官分化のメカニズムを参考にしたものであるといえよう。

ここで、いくつかの種類の細胞について、具体的な分化法を紹介する。なお、ここで紹介する方法はほんの一例で、現在も様々な改善法が国内外で広く研究が進められている（つまりここの方法とは異なる）ので、その点はご注意いただきたい。

11.2.1 膵臓内分泌細胞

9 章で説明したとおり、膵臓の内分泌細胞（膵島細胞）は、正常発生では内胚葉の一部である後部前腸から分岐し、さらに間充織細胞との相互作用によって分化が進む。ES 細胞、iPS 細胞から膵島細胞に分化させる場合も、基本的にはこれを手本にして、細胞が正常発生を追うように分化できるよう、複数の薬剤の組合せを、決められたタイミングで順番に添加していく。現在、膵臓分化系は様々な方法が報告されており、その一例を紹介する（図11-1）。

この方法（D'Amour *et al.*, 2008）によれば、まず ES 細胞から内胚葉への分化をうながすため、アクチビンと Wnt タンパク質が添加される。その期

11

再生医療：発生生物学の応用

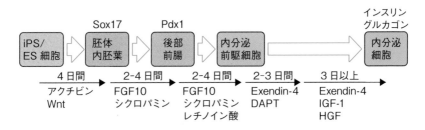

図 11-1　*in vitro* 分化①：膵臓内分泌細胞
この方法では、ES・iPS 細胞に 5 段階の薬剤処理（下段に名称を示す）を約 20 日間行い、内分泌細胞へと分化させる（D'Amour, *et al.*, 2006）。Sox17、Pdx1、インスリン、グルカゴンは各段階での分化指標となる代表的なマーカー遺伝子。ここで示したもの以外にも、膵臓内分泌細胞への分化はこれまでに様々な方法が報告されている。

間は合計 4 日間である。続いて、内胚葉から後部前腸領域の細胞にするため、2 ～ 4 日間、FGF10 とシクロパミン（hedgehog シグナル阻害剤）含有培地で培養する。次に膵臓前駆細胞に分化させるため、FGF10、シクロパミンおよびレチノイン酸を加え、2 ～ 4 日間培養。その後、Exendin-4（GLP 受容体のアゴニスト）、DAPT（γ-セクレターゼ阻害剤）添加を 2 ～ 3 日間、さらに Exendin-4、IGF-1（インスリン様成長因子）、HGF（肝細胞増殖因子）の添加を 3 日以上行うことで内分泌細胞に分化させている（図 11-1）。まとめると、5 段階の反応を合計 18 日程度かけて行い、ようやく ES 細胞、iPS 細胞は膵臓内分泌細胞へと分化する。分化を確認するマーカーとして、内胚葉マーカーは Sox17、膵前駆細胞マーカーは Pdx1、さらに β 細胞、α 細胞のマーカーとしてそれぞれインスリン（C ペプチド）、グルカゴンが使用される。

11.2.2　神経系への分化

神経幹細胞から神経細胞（ニューロン、グリア）に分化させる方法として、ニューロスフェア法という方法がある。神経幹細胞は自己増殖能があり、塊状（スフェア）の状態で維持することができるため、ここを起点に分化を進めることができる。神経分化を発生のメカニズムとして考えると、神経領域

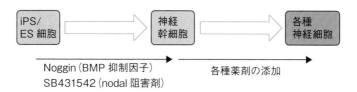

図11-2　*in vitro* 分化②：神経細胞
ES 細胞、iPS 細胞に BMP 阻害因子である Noggin、nodal 阻害剤（アンタゴニスト）の SB431542 を作用させ、まず神経幹細胞へと分化させる。その後、様々な薬剤で処理し、さらにそれぞれの神経細胞へと分化を進める。具体的な方法については省略するが、様々な書籍（中内，2013 や「再生医療」，2015 など）で紹介されているので、そちらを参照してほしい。

は外胚葉において BMP シグナルを抑制することで誘導される（☞ 7 章）。従って、神経幹細胞ではなく ES 細胞、iPS 細胞から神経細胞に分化させる場合、まずは BMP 抑制因子（Noggin など）を添加することで、予定神経の状態にする必要がある。また、BMP 抑制と同時に nodal シグナルの抑制も行われる。このために用いられるのは、nodal 阻害剤（SB431542 など）である。以上 BMP、nodal シグナルの抑制の結果、ES 細胞、iPS 細胞は神経幹細胞様の細胞となり、その後の培養において他の薬剤を添加することで、領域特異的な神経細胞へと分化させることが可能となる（図 11-2）。

11.2.3　筋肉への分化

ES 細胞、iPS 細胞から筋組織・筋細胞への分化についても精力的に研究が進んでいる。筋肉への分化も、おおむね胚発生を模倣した方法であるといえる。筋肉組織は大きく分けて骨格筋、心筋、平滑筋の 3 つがあるが、それぞれ分化法がある（図 11-3）。

骨格筋は 9 章で触れたとおり、沿軸中胚葉由来の体節から作られる。そのため、まずは幹細胞を中胚葉化させる必要がある。この場合は、神経とは違い BMP、nodal シグナルをある程度活性化させる必要がある。中胚葉マーカーとして T/brachyury が知られており、中胚葉分化への指標となる。続いて、PSM（未分節中胚葉）への分化に移行する。この段階では、Wnt や

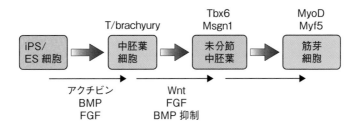

図 11-3　*in vitro* 分化③：筋細胞
　まず、ES 細胞、iPS 細胞にアクチビン、BMP、FGF を作用させて中胚葉細胞に分化させた後、Wnt、FGF、あるいはアンタゴニストによる BMP 抑制により未分節中胚葉（PSM）に分化させる。さらに、そこから筋芽細胞へと分化を進める。各段階での分化指標となる代表的なマーカー遺伝子を図の上部に示す。

FGF シグナルのコントロールが必要で、これにより細胞は神経に分化せず PSM へと分化する。また、PSM 分化の際にも中胚葉誘導に引き続き BMP シグナルの抑制が必要とされるようである。PSM の分化マーカーは Tbx6、Msgn1 などが使われる。このあと、さらに筋芽細胞へと分化させる必要がある。有効なマーカーは 9 章でも触れた MyoD、Myf5 などである。

　心筋分化も、基本的には中胚葉への分化がまず必要で、アクチビン、BMP、FGF などが使われる。また、心臓は体の前方に位置する組織であり、*in vitro* での分化の場合も、Wnt 阻害（dkk1 など）、さらには VEGF（<u>v</u>ascular <u>e</u>ndothelial <u>g</u>rowth <u>f</u>actor：血管内皮（細胞）増殖因子）添加により、心筋分化が誘導される。

11.2.4　血液分化

　10 章で触れたように、血液は中胚葉の一部である血島から形成される。ES 細胞、iPS 細胞からの分化においても、まずは中胚葉細胞に分化させるため、胚様体にアクチビン、VEGF、BMP などの添加が行われる（図 11-4）。これは心筋分化と似ているといえる。これによって分化を進めた細胞のうち、FLK、BRY という 2 つの遺伝子を発現する細胞は、その後、**造血幹細胞**になることができる。特に血液系細胞の分化を行う上では細胞分取（セ

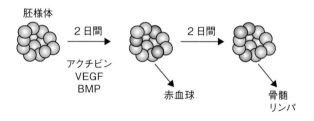

図 11-4 *in vitro* 分化④：血液細胞
この方法ではまず、ES 細胞、iPS 細胞をスフェロイド（細胞の凝集体）様に集合させた、いわゆる胚様体を形成させ、そこにアクチビン、VEGF、BMP などを作用させて分化を進める。リンパ球の分化には、そこからさらに分化を進める。もちろんここで示した方法はほんの一例で、血液細胞の分化も、様々な方法が報告されている。

ルソーティング、FACS）技術が有用で、求める細胞種だけで特異的に発現する膜タンパク質（表面抗原［CD］とよばれる）があれば、たとえ分化途中の細胞群が多数の細胞種の混在であったとしても、それを指標にして望む細胞種だけを分離することが可能である。

11.3　三次元培養とオルガノイド

ES 細胞、iPS 細胞からの分化においては、**胚様体**（embryoid body）を使った分化法など、これまでにも細胞集団を立体的に作り分化を進める方法が開発されてきていたものの、多くの場合は細胞を集めただけの培養にすぎなかった。実は、現在も多くの場合は細胞の塊を作るというところから必ずしも抜け出せていない。ただ、細胞集団内での自律的な亜集団構築を通し、細胞集団内でミクロな組織を構築する試みが近年行われている。つまり、人為的な完全なコントロールは無理にしても、細胞の力でなんとかコントロールしてもらおうということである。最近は、胚様体よりも大きい**オルガノイド**とよばれる細胞集合体を形成する研究が進められている。オルガノイドにおいても、人為的な細胞配置の制御は完全にはなされていないが、オルガノイドには複数の組織が含まれており、つまりランダムな細胞配置ではない構造

11

再生医療：発生生物学の応用

が形成されている点で、単なる細胞塊からは明らかに進歩した三次元構造になっている。

　具体的なオルガノイドとしては、脳、腎臓、腸管、肝臓などがすでに構築されている。もちろん現在のところは完全体ができたわけではなく、今後さらなる研究が必要ではある。

11.4　分化細胞の移植による細胞の成熟

　上記のように、細胞培養によって幹細胞から細胞を分化させる方法の研究が進み、一部では実用化に至っている。ただ、その方法がすでに完全なものかというと、誘導効率などの点でまだ改良の余地がある。また、組織の立体構築も現在研究中の状況であるということも、すでに説明したとおりである。幹細胞から分化させた細胞の機能評価の 1 つとして、分化細胞をマウスなどの個体に**移植**（transplantation）し、分化細胞が正しく機能するかを調べるというものがある（図 11-5）。このような研究の過程で、細胞が完全に分化を終える少し前の状態で移植すると、個体の環境の手助けを借り、より機能的な細胞に分化することが経験的に知られている。

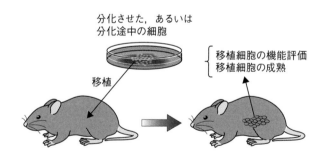

図 11-5　分化細胞の個体への移植
分化させた細胞をマウスなどの実験動物に移植して機能評価を行う実験は、分化した細胞が個体内で期待どおりの機能を発揮するかどうかを知る上で重要である。また、分化させている途中の細胞を個体に移植することで、成体の力を借りて移植細胞を成熟させる（＝より分化を進める）方法がとられることもある。

11.5 キメラ胚を用いた臓器の誘導

　移植によって細胞分化の成熟が図れるのであれば、最初から胚に幹細胞を入れておけばよいのでは……という発想も当然ながら生じる。まさにノックアウトマウス作製のときのコンセプトであるが、この場合はマウスの ES 細胞をマウスに移植するというものである。移植する細胞がマウス以外の動物の場合はどうなるだろう。これが**キメラ胚**（**集合胚**ともいう）である。

　これまでの常識では、異種の細胞を移植しても脱離するのではないか、と考えられていたが、特に胚の初期では免疫機構が十分働かないこともあり、研究の結果、現在は様々な組合せのキメラ胚を個体まで成長させることができる。最近、非常に興味深い方法でキメラ胚から移植可能なヒト膵臓を誘導する方法が開発された。9 章、あるいはこの章でも紹介したとおり、膵臓分化に必須な遺伝子として *Pdx1* が知られる。この遺伝子を欠くと、膵臓は形成されない。しかし、*Pdx1* 欠損胚に *Pdx1* をもつ細胞を胞胚期に移植するとどうなるだろう。成体は膵臓をもつことになる。そして形成された膵臓は、*Pdx1* をもつ細胞由来となる。さて、*Pdx1* 欠損ブタの胚に、*Pdx1* をもつヒト細胞を移植するとどうなるだろう。個体に成長したブタは *Pdx1* 欠損個体

11

再生医療：発生生物学の応用

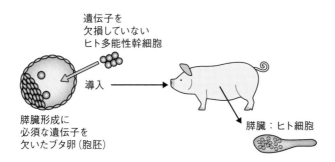

遺伝子を
欠損していない
ヒト多能性幹細胞

導入

膵臓形成に
必須な遺伝子を
欠いたブタ卵（胞胚）

膵臓：ヒト細胞

図 11-6　キメラ胚（集合杯）を用いた臓器分化
　ここでは、キメラ胚を用いた膵臓の分化の例を示す。膵臓形成に必須な遺伝子を欠いた胚（この場合はブタ）は、当然ながら膵臓が形成されない。この胚に、遺伝子を欠損していないゲノムをもつ細胞（この場合はヒト由来）を導入すると、この細胞だけは膵臓へと分化することができるため、成体になったブタに存在する膵臓は、結果的にヒト細胞で作り出されていることになる。

であるにもかかわらず膵臓をもつことになり、その膵臓はほぼすべてヒト由来の細胞でできていることになる（図 11-6）。つまり、ブタ個体のなかにヒト膵臓ができているのである。これを移植すれば、これはブタではなくヒトの臓器を移植したことになる、というわけである。

11.6　幹細胞を用いた臓器再生の技術的な問題点

　21 世紀に入り、これまで説明してきたように幹細胞から望む種類の細胞への分化、移植を経た再生医療への応用が現実的なものとなり、研究も大きく進展した。ただ、これまでは幹細胞の維持・培養系、あるいは分化法の確立をまずは第一の目標として研究が行われてきたことから、実際の医療応用の観点ではいくつかの問題があった。

　例えば、10 章で説明したように、ヒト幹細胞の培養系には、様々なヒト以外の生物由来物質が用いられていた。ES 細胞、iPS 細胞を例に挙げると、培地には FBS（ウシ胎児血清）が使われるし、フィーダー細胞は MEF（**マウス胎児［胚性］繊維芽細胞**：mouse embryonic fibroblast；10 章）、分化試薬、培地そのものに加える試薬も、ヒト以外の動物から抽出されたもの（特にタンパク質など）が使用されていたが、実際の医療応用においては、これらはすべて臨床応用への障壁となる。それを解決する手段として、いわゆる"Xeno-free"（ヒト以外の動物由来成分が含まれない、の意味）の試薬が多く開発された。また、フィーダー細胞も使わない培養により、試験管内培養は他生物種由来成分の混入がないように配慮されている。

　材料としての細胞の供給についてもいくつかの課題がある。第一に、製品としての細胞の培養は、通常の研究室では許されず、安全性が担保された特別な**細胞製造施設**（cell processing center, CPC と略する）が必要となる。ただ、これは医薬品製造と同様の製造環境が求められることから当然である。しかしもう一点、さらに重要な問題がある。iPS 細胞の樹立法確立は、患者由来の多能性幹細胞の使用を可能にしたことで、臓器誘導によって免疫拒絶の問題が生じない。しかし、実際には難しい問題がいくつかある。もっとも大きな問題は、樹立した iPS 細胞の安全性を確保する目的で、医薬品と同様、

臨床試験が求められる点である。つまり、樹立した iPS 細胞株すべてについて臨床試験が必要ということである。通常臨床試験は 10 年程度の期間がかかるため、現実問題として患者本人の細胞を使うことはきわめて難しい。ではどのようにすればよいか、ということであるが、現在は、すぐに臨床使用が可能な幹細胞をあらかじめ準備しておく、という戦略がとられている。もちろん患者由来の細胞ではない。では 10.4 節で説明した免疫拒絶の問題はどのように解決するのか。これは ES 細胞でも同様のことが検討されていたが、「免疫拒絶が起こらない」iPS 細胞をあらかじめ細胞バンクにストックしておく、という方法がとられている。

「免疫拒絶が起こらない」とはどういうことか？　細胞が抗原提示を行って免疫応答を誘発するはたらきをもつ膜タンパク質、**MHC**（<u>m</u>ajor <u>h</u>istocompatibility <u>c</u>omplex、ヒト細胞では医学的な経緯から **HLA**（<u>h</u>uman <u>l</u>eukocyte <u>a</u>ntigen）とよばれる）の種類は個体ごとに異なっている。自分とは異なる細胞、言い換えると異なるタイプの MHC/HLA をもつ細胞が体内に入ると、その細胞は抗原提示をした自己細胞と認識され、結果として免疫応答が生じる。MHC/HLA はクラス I に属する A 座、B 座、C 座、クラス II に属する DR 座、DQ 座など、そしてクラス III の座に位置する遺伝子が発現して作られるが、それぞれの座に存在する遺伝子はきわめて種類が多く（**多**

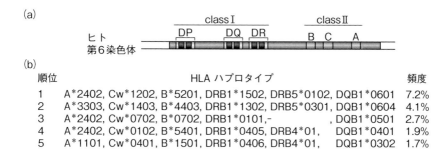

図 11-7　HLA ハプロタイプ
　(a) 染色体上の 6 つの抗原。(b) 日本人の HLA ハプロタイプの頻度。
（中島ら (2001) 日本組織適合性学会誌 8: 1-32 より抜粋）

型であるという）、さらに組合せも多様なため、結果としてそれぞれの人が
もつ MHC/HLA の種類（これを HLA ハプロタイプという）が異なること
になる（図 11-7）。

　さて、この組合せ、つまり MHC の種類が個人ごとに完全にランダムだと、
細胞バンクには極論すると何億種類もの細胞をストックする必要があるが、
実はこの種類（言い換えると遺伝子の組合せ）には頻度の差がある。HLA
ハプロタイプのうち、A24、B52、DR15 という組合せをもつ日本人は、7.2%
もいる。頻度上位 10 位で日本人の約 30%、150 位までで 90% をカバーする。
HLA は通常の遺伝と同じく父親、母親から 1 対ずつ遺伝され、それがさら
なる多様性を生み出しているのだが、移植細胞の HLA ハプロタイプが揃っ
ていれば、そのハプロタイプをもつ人全員に免疫拒絶を起こさない移植が可
能になる（図 11-7）。

　以上のような方針に基づき、京都大学 iPS 研究財団では、移植に利用でき
る HLA ホモ（父母から同じ HLA を受け継いだ、という意味）の iPS 細胞
のストックが順次進められている。

11.7　再生医療をめぐる、社会的な問題点

すでに触れている部分もあるが、再生医療の実現においては技術的な側面
のみならず、社会的な観点からも様々な問題点がある。

11.7.1　コスト

　幹細胞からの組織・臓器分化には、非常にコストがかかる。分化に必要な
培地や添加薬剤自体が現在非常に高価であることに加え、前節で触れたよう
に、臨床用の細胞培養に必要な施設（CPC）の維持管理コストも上乗せされ
る。これは高価な治療薬による病気の治療と同じで、保険適用外であれば患
者に大きな負担となり、逆に保険適用となると社会への負担となる。このよ
うな費用をどのように捻出するか、そしてコストをいかに減らすかが、再生
医療実現のための大きな課題の 1 つといえる。

11.7.2 法律の規制

これは問題点というより研究・治療において留意すべき事柄であるといえよう。幹細胞を用いた研究や応用技術に関しては、間違った悪意のある使い方をするときわめて大きな問題となる。例えばクローン人間を生み出すことには、倫理的に大きな問題がある。また、iPS 細胞や ES 細胞から生殖細胞を作出することも、やはり同じ遺伝型の個体を増やすことにつながる点で留意が必要であろう。さらに ES 細胞については、樹立そのものに受精卵を使用する必要があるため、樹立だけでなく使用についても強い法律上の規制がかかっている。もっとも、最近はすでに樹立した ES 細胞を使用することは iPS 細胞の使用と大きく違わないことから、少なくとも使用に関しては当初に比べて規制が若干緩和された。

従うべき法令は、2021 年現在、

- ・ヒトに関するクローン技術等の規制に関する法律（H12）
- ・ヒトに関するクローン技術等の規制に関する法律施行規則（R3 改正）
- ・特定胚の取扱いに関する指針（R3 改正）
- ・再生医療等の安全性の確保等に関する法律（H25）
- ・薬事法等の一部を改正する法律（H25）
- ・ヒト ES 細胞の樹立に関する指針（R4 改正）
- ・ヒト ES 細胞の分配機関に関する指針（R4 改正）
- ・ヒト ES 細胞の使用に関する指針（R4 改正）
- ・ヒト iPS 細胞又はヒト組織幹細胞からの生殖細胞の作成を行う研究に関する指針（R4 改正）
- ・人を対象とする生命科学・医学系研究に関する倫理指針（R4 改正）

などで、他にも、遺伝子組換えについてなど、様々な法律・規則・指針が定められている。

11.7.3 キメラ胚の使用に関する問題点

10 章でも示したように、現在のところペトリ皿（シャーレ）上で完全な臓器を形成させるのは多くの場合難しく、途中まで分化が進んだ細胞をホス

11

再生医療：：発生生物学の応用

ト移植によって完全なものにする方法は現実的である。その延長線上としての集合胚の利用は、実は再生医療実現の近道かもしれない。しかしキメラ胚を使う場合、どの部分とどの部分をキメラにするかを厳密に制御しないと、非常に問題が大きくなる可能性がある。例えば、すでに述べたヒトとブタのキメラの場合、臓器のキメラ（ブタにヒトの膵臓を作り出す）であれば有用だと思っても、これが膵臓ではなく脳であるとすると、大きな倫理的懸念が生じることが容易に想像できるだろう。

11.8　発生生物学の基礎と応用：最後に

以上、11 章にわたり発生生物学の基礎と応用について話を進めてきた。世の中には多くの発生生物学の教科書、再生医療や組織分化に関する教科書があるが、それらを 1 つにまとめたものはそう多くないのではないだろうか。この本で両方の内容を含ませた意図は、両者が車の両輪のようなもので、互いに知見のフィードバックがあるのではないかと考えたからである。そしてこの本を読んでお分かりいただけたと思うが、まだまだ不明なこと、できていないこと、そして「してはいけないこと」がたくさんある。それらをブレークスルーしていくことで、新たな展開が見えてくるのではないだろうか。

参 考 文 献

　本書の内容を深く理解するために役立つ参考文献のリストを以下に挙げた。なお本書では作図にあたり、これらの書籍や論文に掲載されている図を参考にした。

＜生物全般として＞
B. アルバーツら(中村桂子・松原謙一 監訳)『細胞の分子生物学』第 6 版(ニュートンプレス)(2017).
東京大学生命科学教科書編集委員会 編『理系総合のための生命科学』(羊土社)(2020).

＜発生生物学全般として＞
L. ウォルパート・S. ティックル(武田洋幸・田村宏治 監訳)『ウォルパート発生生物学』(メディカル・サイエンス・インターナショナル)(2012).
S.F. ギルバート(阿形清和・高橋淑子 監訳)『ギルバート発生生物学』(メディカル・サイエンス・インターナショナル)(2015).
J. スラック(大隅典子訳)『エッセンシャル発生生物学』(羊土社)(2002).
F.H. ウィルト・S.C. ヘイク(赤坂甲治・大隅典子・八杉貞雄 監訳)『ウィルト発生生物学』(東京化学同人)(2006).

＜幹細胞生物学・再生医療全体として＞
中内啓光 編『幹細胞研究と再生医療』(南山堂)(2013).
再生医療:新たな医療を求めて. 日本臨牀, 73 巻増刊号 5 (通巻第 1080 号)(日本臨牀社)(2015).

＜各章、より詳しく学ぶために(上記以外で)＞
＜第 2 章＞
アリストテレス(島崎三郎 訳)『動物誌;動物部分論』(岩波書店)(1969).
E. マイア(八杉貞雄・松田 学 訳)『これが生物学だ:マイアから 21 世紀の生物学者へ』(シュプリンガー・フェアラーク東京)(1999).
吉川 寛・堀 寛 編『研究をささえるモデル生物:実験室いきものガイド』(化学同人)(2009).
Wolpert L. One hundred years of positional information. Trends Genet. **12**:359-364 (1996).
Jordan JD, Landau EM, Iyengar R. Signaling networks: the origins of cellular multitasking. Cell. **103**:193-200 (2000).

＜第 5 章＞
Morgan TH. Chromosomes and associative inheritance. Science. **34**:636-638 (1911).
Sturtevant AH, Bridges CB, Morgan TH. The spatial relation of genes. Proc Natl Acad Sci USA. **5**:168-173 (1919).
Nüsslein-Volhard C, Wieschaus E. Mutations affecting segment number and polarity in *Drosophila*. Nature. **287**:795-801 (1980).
Driever W, Nüsslein-Volhard C. A gradient of bicoid protein in *Drosophila* embryo. Cell. **54**:83-93 (1988).
Rivera-Pomar R, Lu X, Perrimon N, Taubert H, Jäckle H. Activation of posterior gap gene expression in the *Drosophila* blastoderm. Nature. **376**:253-256 (1995).
Belvin MP, Anderson KV. A conserved signaling pathway: the *Drosophila* toll-dorsal pathway. Annu Rev Cell Dev Biol. **12**:393-416 (1996).
St Johnston D. Moving messages: the intracellular localization of mRNAs. Nat Rev Mol Cell Biol. **6**:363-375 (2005).

参考文献

Hülskamp M, Tautz D. Gap genes and gradients--the logic behind the gaps. Bioessays. **13**:261-268 (1991).
Small S, Levine M. The initiation of pair-rule stripes in the *Drosophila* blastoderm. Curr Opin Genet Dev. **1**:255-260 (1991).
Martinez-Arias A, Lawrence PA. Parasegments and compartments in the *Drosophila* embryo. Nature. **313**:639-642 (1985).
Ingham PW, Taylor AM, Nakano Y. Role of the *Drosophila* patched gene in positional signalling. Nature. **353**:184-187 (1991).
Alexandre C, Lecourtois M, Vincent J. Wingless and Hedgehog pattern *Drosophila* denticle belts by regulating the production of short-range signals. Development. **126**:5689-5698 (1999).
Lewis EB. A gene complex controlling segmentation in *Drosophila*. Nature. **276**:565-570 (1978).

＜第6章＞
Heasman J. Maternal determinants of embryonic cell fate. Semin Cell Dev Biol. **17**:93-98 (2006).
Sokol SY. Wnt signaling and dorso-ventral axis specification in vertebrates. Curr Opin Genet Dev. **9**:405-410 (1999).
Heasman J. Patterning the early *Xenopus* embryo. Development. **133**:1205-1217 (2006).
Beddington RS, Robertson EJ. Axis development and early asymmetry in mammals. Cell. **96**:195-209 (1999).
Eyal-Giladi H, Kochav S. From cleavage to primitive streak formation: a complementary normal table and a new look at the first stages of the development of the chick. I. General morphology. Dev Biol. **49**:321-337 (1976).
Tam PP, Behringer RR. Mouse gastrulation: the formation of a mammalian body plan. Mech Dev. **68**:3-25 (1997).
Harvey RP. Links in the left/right axial pathway. Cell. **94**:273-276 (1998).
Raya A, Izpisua Belmonte JC. Unveiling the establishment of left-right asymmetry in the chick embryo. Mech Dev. **121**:1043-1054 (2004).
De Robertis EM, Larraín J, Oelgeschläger M, Wessely O. The establishment of Spemann's organizer and patterning of the vertebrate embryo. Nat Rev Genet. **1**:171-181 (2000).
Tiedemann H, Tiedemann H, Grunz H, Knöchel W. Molecular mechanisms of tissue determination and pattern formation in amphibian embryos. Naturwissenschaften. **82**:123-134 (1995).

＜第7章＞
De Robertis EM. Spemann's organizer and self-regulation in amphibian embryos. Nat Rev Mol Cell Biol. **7**:296-302 (2006).
Glinka A, Wu W, Onichtchouk D, Blumenstock C, Niehrs C. Head induction by simultaneous repression of Bmp and Wnt signalling in *Xenopus*. Nature. **389**:517-519 (1997).
中村 治・川上 泉 編 『オーガナイザー』（みすず書房）（1977）.
Stern CD. Initial patterning of the central nervous system: how many organizers? Nat Rev Neurosci. **2**:92-98 (2001).
Krumlauf R. Hox genes and pattern formation in the branchial region of the vertebrate head. Trends Genet. **9**:106-112 (1993).
Bronner-Fraser M. Segregation of cell lineage in the neural crest. Curr Opin Genet Dev. **3**: 641-647 (1993).
Baker NE. Notch signaling in the nervous system. Pieces still missing from the puzzle. Bioessays. **22**:264-273 (2000).
Klein R. Eph/ephrin signaling in morphogenesis, neural development and plasticity. Curr Opin Cell Biol. **16**:580-589 (2004).

＜第8章＞

Ettensohn CA. Cell movements in the sea urchin embryo. Curr Opin Genet Dev. **9**:461-465 (1999).

Keller R. Cell migration during gastrulation. Curr Opin Cell Biol. **17**:533-541 (2005).

Montero JA, Heisenberg CP. Gastrulation dynamics: cells move into focus. Trends Cell Biol. **14**:620-627 (2004).

Strutt D. The planar polarity pathway. Curr Biol. **18**:R898-R902 (2008).

Colas JF, Schoenwolf GC. Towards a cellular and molecular understanding of neurulation. Dev Dyn. **221**:117-145 (2001).

Huang X, Saint-Jeannet JP. Induction of the neural crest and the opportunities of life on the edge. Dev Biol. **275**:1-11 (2004).

＜第9章＞

Pourquié O. Vertebrate somitogenesis. Annu Rev Cell Dev Biol. **17**:311-350 (2001).

Brand-Saberi B, Christ B. Evolution and development of distinct cell lineages derived from somites. Curr Top Dev Biol. **48**:1-42 (2000).

Buckingham M. Skeletal muscle formation in vertebrates. Curr Opin Genet Dev. **11**:440-448 (2001).

Lechner MS, Dressler GR. The molecular basis of embryonic kidney development. Mech Dev. **62**:105-120 (1997).

Kuure S, Vuolteenaho R, Vainio S. Kidney morphogenesis: cellular and molecular regulation. Mech Dev. 92:31-45 (2000).

Swain A, Lovell-Badge R. Mammalian sex determination: a molecular drama. Genes Dev. **13**:755-767 (1999).

Bogan JS, Page DC. Ovary? Testis?--A mammalian dilemma. Cell. **76**:603-607 (1994).

Brand T. Heart development: molecular insights into cardiac specification and early morphogenesis. Dev Biol. **258**:1-19 (2003).

Harvey RP. Patterning the vertebrate heart. Nat Rev Genet. **3**:544-556 (2002).

Carmeliet P. Angiogenesis in health and disease. Nat Med. **9**:653-660 (2003).

Carmeliet P, Tessier-Lavigne M. Common mechanisms of nerve and blood vessel wiring. Nature. **436**:193-200 (2005).

Kiefer JC. Molecular mechanisms of early gut organogenesis: a primer on development of the digestive tract. Dev Dyn. **228**:287-291 (2003).

Roberts DJ. Molecular mechanisms of development of the gastrointestinal tract. Dev Dyn. **219**:109-120 (2000).

Warburton D, Schwarz M, Tefft D, Flores-Delgado G, Anderson KD, Cardoso WV. The molecular basis of lung morphogenesis. Mech Dev. **92**:55-81 (2000).

Zaret KS. Liver specification and early morphogenesis. Mech Dev. **92**:83-88 (2000).

Murtaugh LC, Melton DA. Genes, signals, and lineages in pancreas development. Annu Rev Cell Dev Biol. **19**:71-89 (2003).

Niswander L. Pattern formation: old models out on a limb. Nat Rev Genet. **4**:133-143 (2003).

Kojima T. The mechanism of *Drosophila* leg development along the proximodistal axis. Dev Growth Differ. **46**:115-129 (2004).

＜第10章＞

Wagers AJ, Weissman IL. Plasticity of adult stem cells. Cell. **116**:639-648 (2004).

Molofsky AV, Pardal R, Morrison SJ. Diverse mechanisms regulate stem cell self-renewal. Curr Opin Cell Biol. **16**:700-707 (2004).

Loebel DA, Watson CM, De Young RA, Tam PP. Lineage choice and differentiation in mouse embryos and embryonic stem cells. Dev Biol. **264**:1-14 (2003).

Gurdon JB, Melton DA. Nuclear reprogramming in cells. Science. **322**:1811-1815 (2008).

Takahashi K, Yamanaka S. Induction of pluripotent stem cells from mouse embryonic and adult fibroblast cultures by defined factors. Cell. **126**:663-676 (2006).

Agata K. Regeneration and gene regulation in planarians. Curr Opin Genet Dev. **13**: 492-496 (2003).

Brockes JP. Amphibian limb regeneration: rebuilding a complex structure. Science. **276**:81-87 (1997).

Nye HL, Cameron JA, Chernoff EA, Stocum DL. Regeneration of the urodele limb: a review. Dev Dyn. **226**:280-294 (2003).

＜第 11 章＞

Okabayashi K, Asashima M. Tissue generation from amphibian animal caps. Curr Opin Genet Dev. **13**:502-507 (2003).

D'Amour KA, Bang AG, Eliazer S, Kelly OG, Agulnick AD, Smart NG, Moorman MA, Kroon E, Carpenter MK, Baetge EE. Production of pancreatic hormone-expressing endocrine cells from human embryonic stem cells. Nat Biotechnol. **24**:1392-1401 (2006).

Muñoz-Sanjuán I, Brivanlou AH. Neural induction, the default model and embryonic stem cells. Nat Rev Neurosci. **3**:271-280 (2002).

Chal J, Pourquié O. Making muscle: skeletal myogenesis *in vivo* and *in vitro*. Development. **144**:2104-2122 (2017).

Cook BD. Modeling murine yolk sac hematopoiesis with embryonic stem cell culture systems. Front Biol (Beijing). **9**:339-346 (2014).

Rossi G, Manfrin A, Lutolf MP. Progress and potential in organoid research. Nat Rev Genet. **19**:671-687 (2018).

Matsunari H, Nagashima H, Watanabe M, Umeyama K, Nakano K, Nagaya M, Kobayashi T, Yamaguchi T, Sumazaki R, Herzenberg LA, Nakauchi H. Blastocyst complementation generates exogenic pancreas *in vivo* in apancreatic cloned pigs. Proc Natl Acad Sci USA. **110**:4557-4562 (2013).

中島文明・中村淳子・横田敏和　日本人の 4 桁レベルの HLA ハプロタイプ分布．日本組織適合性学会誌．**8**:1-32 (2001).

McLaren A. Ethical and social considerations of stem cell research. Nature. **414**:129-131 (2001).

索　引

索 引

著者略歴

みち うえ たつ お
道 上 達 男

1967 年　和歌山県に生まれる
1990 年　東京大学理学部生物化学科卒業
1995 年　東京大学大学院理学系研究科修了（博士（理学））
1996 年　東京大学大学院理学系研究科　助手
1999 年　科学技術振興機構　研究員
2005 年　東京大学大学院総合文化研究科　助手
2006 年　産業技術総合研究所　主任研究員
2008 年　東京大学大学院総合文化研究科　准教授
2015 年　東京大学大学院総合文化研究科　教授

主な著書・訳書

『キャンベル生物学　原書 11 版』（丸善，2018，監訳）
『基礎からスタート　大学の生物学』（裳華房，2019，単著）
『生物学入門　第 3 版』（東京化学同人，2019，共著）

発生生物学 ―基礎から再生医療への応用まで―

2022 年 10 月 25 日　第 1 版 1 刷発行

検 印 省 略	著 作 者	道 上 達 男
	発 行 者	吉 野 和 浩
定価はカバーに表示してあります．	発 行 所	東京都千代田区四番町 8-1 電　話　　03-3262-9166（代） 郵便番号 102-0081 株式会社 裳 華 房
	印 刷 所	株式会社 真 興 社
	製 本 所	株式会社 松 岳 社

基礎からスタート 大学の生物学

道上達男 著

B 5 判／180頁／3 色刷／定価2640円（税込）

　高等学校で「生物基礎」（2単位）は履修したが「生物」（4単位）は学習してこなかった学生が，大学で受講する生物学の講義をなるべくストレスなく学べるようにとの思いから，さまざまな工夫を施した．

　具体的には，章のはじめに「高校「生物基礎」で学んだこと」を設け，その章の内容がスムースに学習できるようした．また学習の敷居（壁）を低くするため，説明にあたっては難しい言い回しを避けて，できる限りやさしく表現するように努めた．さらに，練習問題を各章末に配して，その章で学んだことの理解が深められるようにした（巻末に解答を掲載）．

動物の発生と分化【新・生命科学シリーズ】

浅島　誠・駒崎伸二　共著

A 5 判／174頁／2 色刷／定価2530円（税込）

　本書では，動物の体が形成されるしくみについて，その分子的な背景を中心に解説する．その内容は，卵形成と精子形成から始まり，受精を経て，卵割から胞胚形成，原腸胚形成，神経胚形成へと展開する．そして，ホメオボックス遺伝子の役割を述べた後，細胞分化と器官形成について述べ，最後に，再生医療や老化の問題に及ぶ．

　【目次】1. 卵形成から卵の成熟へ　2. 受精から卵割へ　3. 胞胚から原腸胚を経て神経胚へ　4. ホメオボックス遺伝子　5. 細胞分化と器官形成　6. 発生学と再生医療

動物の形態　－進化と発生－【新・生命科学シリーズ】

八杉貞雄 著

A 5 判／152頁／2 色刷／定価2420円（税込）

　生物が「形」あるいは「形態」をもっていることはいうまでもない．そしてそれが生物の機能と密接に関係していることも，改めて述べるまでもないことのように思われる．しかし，形態と機能の関係，そして形態そのものがどのように生じるか，ということはそれほど簡単に理解されることでもない．生物界に見られる驚くほど多様な形態は，多くの場合長い進化の産物でもあり，またそれぞれの生物の発生過程で次第に構築されていくものである．本書では，形態の進化と発生をできるだけ具体的な例に基づいて解説する．

　【目次】1編　形態は生物にとってどのような意味があるか　1. 形態とは何か　2. 形態の生物学的基礎　2編　形態の進化　3. 脊索動物における形態の変化　4. 形態の進化と分子進化　3編　形態はどのように形成されるか　5. 器官形成の原理　6. 初期発生における形態形成　7. 器官形成における形態形成

進化生物学　－ゲノミクスが解き明かす進化－

赤坂甲治 著

A 5 判／304頁／2色刷／定価3520円（税込）

　進化は人類の永遠のテーマである．かつては進化学といえば，化石記録の解析しかなかった．20世紀後半になると分子生物学が発展して遺伝情報の解読が進み，さらに遺伝子導入や遺伝子ノックアウトを駆使した発生生物学の発展により形態形成のしくみが解明され，発生生物学の視点で進化を研究する進化発生生物学（エボデボ）が生まれた．遺伝子科学の技術を利用し，また自ら技術を開発しながら，生命科学研究の道を歩んできた著者が，その間に培ってきた進化への思いを本書に込めた．進化生物学の最新研究情報が満載．

　【目次】1. 進化の概念の歴史　2. 無機物から有機物・原始生命体への化学進化　3. 生命の誕生　4. 光合成生物と好気性生物の出現　5. 真核生物の出現　6. 多細胞化と有性生殖の獲得　7. 遺伝的多様性と新規遺伝子の獲得をもたらす有性生殖　8. 動物の多様化　9. 陸上植物の出現と多様化　10. 動物の陸上進出　11. 進化を促進するしくみ　12. エボデボ－体制の進化－　13. エボデボ－特異体制の進化－